Линейная алгебра над телом
Система линейных уравнений

Александр Клейн

I0484624

Aleks_Kleyn@MailAPS.org
http://AleksKleyn.dyndns-home.com:4080/
http://sites.google.com/site/AleksKleyn/
http://arxiv.org/a/kleyn_a_1
http://AleksKleyn.blogspot.com/

Аннотация. В книге рассматриваются вопросы линейной алгебры над телом. Система линейных уравнений над телом имеет свойства, похожие на свойства систем линейных уравнений над полем. Тем не менее, некоммутативность произведения порождает новую картину.

Матрицы допускают две операции произведения, связанные операцией транспонирования. Бикольцо - это алгебра, определяющая на множестве две взаимосвязанные структуры кольца.

Подобно коммутативному случаю, решения системы линейных уравнений порождают правый или левое векторное пространство в зависимости от вида системы. Мы изучаем векторные пространства совместно с системами линейных уравнений потому, что существует тесная связь между их свойствами. Также как и в коммутативном случае, группа автоморфизмов векторного пространства имеет одно транзитивное представление на многообразии базисов, что даёт нам возможность определить пассивное и активное представления.

Изучение векторного пространства над телом раскрывает новые детали во взаимоотношении между пассивными и активными преобразованиями, делая картину более ясной.

ISBN: 1502982471

ISBN-13: 978-1502982476

Перевод с английского
Linear Algebra over Division Ring
System of Linear Equations
Aleks Kleyn

Оглавление

Глава 1

Предисловие

1.1. Предисловие

Отправляясь в новое путешествие, не знаешь вначале, что ждёт тебя в пути. Знакомство с некоммутативной алгеброй началось с простого любопытства. В случае модуля над кольцом нельзя дать определение базиса подобно тому, как мы это делаем в случае векторного пространства над полем. Я хотел понять, как изменится картина, если вместо поля я буду рассматривать тело.

Прежде всего мне надо было научиться решать системы линейных уравнений. Я начал с системы двух уравнений с двумя неизвестными. Хотя решение было найдено легко, это решение нельзя выразить как отношение двух определителей.

Я понимал, что эта проблема интересует не только меня. Я начал искать математиков, интересующихся подобными задачами. Профессор Ретах познакомил меня со статьями [4, 5] по теории квазидетерминантов. Это было началом моего исследования в теории векторных пространств.

Глава 2 посвящена бикольцу матриц. Существует две причины, почему я рассматриваю эту алгебру.

Если в векторном пространстве задан базис, то преобразование векторного пространства можно описать с помощью матрицы. Произведению преобразований соответствует произведение матриц. В отличии от коммутативного случая мы не всегда можем представить это произведение в виде произведения строк первой матрицы на столбцы второй. В то же время запись элементов матрицы в виде

$$A = \begin{pmatrix} A_1^1 & \dots & A_n^1 \\ \dots & \dots & \dots \\ A_1^n & \dots & A_n^n \end{pmatrix}$$

является вопросом соглашения. Не нарушая общности, мы можем записать матрицу в виде

$$A = \begin{pmatrix} A_1^1 & \dots & A_1^n \\ \dots & \dots & \dots \\ A_n^1 & \dots & A_n^n \end{pmatrix}$$

Но тогда изменяется правило умножения матриц.

Конструкции подобные бикольцу известны в алгебре. В структуре определены операции $a \vee b$ и $a \wedge b$, которые меняются местами, если порядок на множестве меняется на противоположный. Симметрия между $*^*$ произведением и $*_*$-произведением сформулирована в форме принципа двойственности. Впоследствии я распространяю принцип двойственности на теорию представлений и теорию векторных пространств. Без учёта принципа двойственности эта книга была бы в четыре раза больше, не говоря о том, что бесконечные повторения текста сделали бы чтение текста невозможным.

Согласно каждому виду произведения мы можем расширить определение квазидетерминанта, данное в [4, 5], и определить два разных вида квазидетерминанта.

Глава 3 является обзором теории представлений групп и является базой для последующих глав. Теорема о существовании парных представлений в однородном пространстве завершает главу.

В главе 4 я изучаю несколько концепций линейной алгебры над телом D. Сперва я напоминаю определения векторного пространства и базиса.[1.1] Линейная алгебра над телом более богата фактами по сравнению с линейной алгеброй над полем. В отличии от векторных пространств над полем, мы можем определить левое и правое векторное пространство над произвольным телом D. Чтобы дать более строгое определение базиса, я излагаю теорию произвольной системы линейных уравнений (раздел 4.5) для каждого типа векторного пространства. Тем не менее, не смотря на это разнообразие, утверждения линейной алгебры над телом очень похожи на утверждения из линейной алгебры над полем.

Так как я пользуюсь утверждениями этой главы в геометрии, я следую той же форме записи, что мы используем в геометрии. При записи координат вектора и элементов матрицы мы будем следовать соглашению, описанному в разделе 2.1.

Мы отождествляем вектор с набором его координат относительно некоторого базиса. Тем не менее, это различные объекты. Чтобы подчеркнуть это различие, я вернулся к традиционному обозначению вектора в форме $\bar{a}$, когда вектор и его координаты присутствуют в одном и том же равенстве; в тоже время мы будем пользоваться записью a^b для координат вектора $\bar{a}$. Мы используем одну и туже корневую букву для обозначения базиса и составляющих его векторов. Чтобы отличить вектор и базис, мы будем пользоваться обозначением $\bar{\bar{e}}$ для базиса и обозначением $\bar{e}_a$ для векторов, составляющих базис $\bar{\bar{e}}$. Изучая теорию векторных пространств мы будем пользоваться соглашением, описанным в замечании 2.2.15 и в разделе 3.2.

Глава 5 посвящена теории линейных представлений. Изучение однородного пространства группы симметрий $D_*{}^*$-векторного пространства ведёт нас к определению базиса этого $D_*{}^*$-векторного пространства и многообразия базисов. Мы вводим два типа преобразований многообразия базисов: активные и пассивные преобразования. Различие между ними состоит в том, что активное преобразование может быть выражено как преобразование исходного пространства. Как показано в [2], пассивное преобразование даёт возможность определить понятия инвариантности и геометрического объекта. Опираясь на эту теорию, я изучаю многообразие базисов, пассивные и активные преобразования в разделе 5.2. Я рассматриваю геометрический объект в $D_*{}^*$-векторном пространстве в разделе 5.3.

Мы имеем две противоположные точки зрения на геометрический объект. С одной стороны мы фиксируем координаты геометрического объекта относительно заданного базиса и указываем закон преобразования координат при замене базиса. В то же время мы рассматриваем всю совокупность координат геометрического объекта относительно различных базисов как единое целое. Это даёт нам возможность бескоординатного изучения геометрического объекта.

1.2. Соглашения

СОГЛАШЕНИЕ 1.2.1. *В любом выражении, где появляется индекс, я предполагаю, что этот индекс может иметь внутреннюю структуру. Например, при рассмотрении алгебры A координаты $a \in A$ относительно базиса $\bar{\bar{e}}$ пронумерованы индексом i. Это означает, что a является вектором. Однако, если a является матрицей, нам необходимо два индекса, один нумерует строки, другой - столбцы. В том случае, когда мы уточняем структуру индекса, мы будем начинать индекс с символа $\cdot$ в соответствующей позиции. Например, если я рассматриваю матрицу a_j^i как элемент векторного пространства, то я могу записать элемент матрицы в виде $a_{\cdot j}^{\cdot i}$.* □

[1.1]Определения можно найти также в [6].

Соглашение 1.2.2. *Несмотря на некоммутативность произведения многие утверждения сохраняются, если заменить например правое представление на левое представление или правое векторное пространство на левое векторное пространство. Чтобы сохранить эту симметрию в формулировках теорем я пользуюсь симметричными обозначениями. Например, я рассматриваю $D\star$-векторное пространство и $\star D$-векторное пространство. Запись $D\star$-векторное пространство можно прочесть как D-star-векторное пространство либо как левое векторное пространство.* □

Без сомнения, у читателя могут быть вопросы, замечания, возражения. Я буду признателен любому отзыву.

Глава 2

Бикольцо матриц

2.1. Концепция обобщённого индекса

Изучая тензорное исчисление, мы начинаем с изучения одновалентных ковариантного и контравариантного тензоров. Несмотря на различие свойств, оба эти объекта являются элементами соответствующих векторных пространств. Если мы введём обобщённый индекс по правилу $a^i = a^i$, $b^i = b^{\cdot}_i{}^{-}$, то мы видим, что эти тензоры ведут себя одинаково. Например, преобразование ковариантного тензора принимает форму

$$b'^i = b'^{\cdot}_i{}^{-} = f^{\cdot}_i{}^{-}{}^{j}_{\cdot}{}_{-}\, b^{\cdot}_j{}^{-} = f^i_j b^j$$

Это сходство идёт сколь угодно далеко, так как тензоры также порождают векторное пространство.

Эти наблюдения сходства свойств ковариантного и контравариантного тензоров приводят нас к концепции обобщённого индекса. Я пользуюсь символом $\cdot$ перед обобщённым индексом, когда мне необходимо описать его структуру. Я помещаю символ $'-'$ на месте индекса, позиция которого изменилась. Например, если исходное выражение было a_{ij}, я пользуюсь записью $a_i{}^j$ вместо записи a_i^j.

Хотя структура обобщённого индекса произвольна, мы будем предполагать, что существует взаимно однозначное отображение отрезка натуральных чисел $1, ..., n$ на множество значений индекса. Пусть i - множество значений индекса i. Мы будем обозначать мощность этого множества символом $|i|$ и будем полагать $|i| = n$. Если нам надо перечислить элементы a_i, мы будем пользоваться обозначением $a_1, ..., a_n$.

Представление координат вектора в форме матрицы позволяет сделать запись более компактной. Вопрос о представлении вектора как строка или столбец матрицы является вопросом соглашения. Мы можем распространить концепцию обобщённого индекса на элементы матрицы. Матрица - это двумерная таблица, строки и столбцы которой занумерованы обобщёнными индексами. Для представления матрицы мы будем пользоваться одним из следующих представлений:

Стандартное представление: в этом случае мы представляем элементы матрицы A в виде A^a_b.

Альтернативное представление: в этом случае мы представляем элементы матрицы A в виде ^aA_b или $_bA^a$.

Так как мы пользуемся обобщёнными индексами, мы не можем сказать, нумерует ли индекс a строки матрицы или столбцы, до тех пор, пока мы не знаем структуры индекса.

Мы могли бы пользоваться терминами $*$-столбец и $*$-строка, которые более близки традиционным. Однако как мы увидим ниже для нас несущественна форма представления матрицы. Для того, чтобы обозначения, предлагаемые ниже, были согласованы с традиционными, мы будем предполагать, что матрица представлена в виде

$$A = \begin{pmatrix} ^1A_1 & ... & ^1A_n \\ ... & ... & ... \\ ^mA_1 & ... & ^mA_n \end{pmatrix}$$

ОПРЕДЕЛЕНИЕ 2.1.1. Я использую следующие имена и обозначения различных **минорных матриц** матрицы A

A_a : ***-строка** с индексом a является обобщением столбца матрицы. Верхний индекс перечисляет элементы *-строки, нижний индекс перечисляет *-строки.

A_T : минорная матрица, полученная из A выбором *-строк с индексом из множества T

$A_{[a]}$: минорная матрица, полученный из A удалением *-строки A_a

$A_{[T]}$: минорная матрица, полученный из A удалением *-строк с индексом из множества T

^bA : ***-строка** с индексом b является обобщением строки матрицы. Нижний индекс перечисляет элементы *-строки, верхний индекс перечисляет *-строки.

^SA : минорная матрица, полученный из A выбором *-строк с индексом из множества S

$^{[b]}A$: минорная матрица, полученный из A удалением *-строки ^bA

$^{[S]}A$: минорная матрица, полученный из A удалением *-строк с индексом из множества S

□

ЗАМЕЧАНИЕ 2.1.2. Мы будем комбинировать запись индексов. Так ^bA_a является 1×1 минорной матрицей. Одновременно, это обозначение элемента матрицы. Это позволяет отождествить 1×1 матрицу и её элемент. Индекс a является номером *-строки матрицы и индекс b является номером *-строки матрицы.   □

Каждая форма записи матрицы имеет свои преимущества. Стандартная форма более естественна, когда мы изучаем теорию матриц. Альтернативная форма записи делает выражения более ясными в теории векторных пространств. Распространив альтернативную запись индексов на произвольные тензоры, мы сможем лучше понять взаимодействие различных геометрических объектов. Опираясь на принцип двойственности (теорема 2.2.14), мы можем расширить наши выразительные возможности.

ЗАМЕЧАНИЕ 2.1.3. Мы можем договориться, что при чтении мы произносим символ *- как c- и символ *- как r-, формируя тем самым названия c-**строка** и r-**строка**. В последующем мы распространим это соглашение на другие элементы линейной алгебры. Я буду пользоваться этим соглашением при составлении индекса.   □

Так как транспонирование матрицы меняет местами *-строки и *-строки, то мы получаем равенство

(2.1.1)
$$_i(A^T)^j = {}^iA_j$$

ЗАМЕЧАНИЕ 2.1.4. Как видно из равенства (2.1.1), для нас несущественно, с какой стороны мы указываем номер *-строки и с какой стороны мы указываем номер *-строки. Это связано с тем, что мы можем нумеровать элементы матрицы различными способами. Если мы хотим указывать номера *-строки и *-строки согласно определению 2.1.1, то равенство (2.1.1) примет вид

$$^j(A^T)_i = {}^iA_j$$

В стандартном представлении равенство (2.1.1) примет вид

$$(A^T)^j_i = A^i_j$$

□

Мы называем матрицу[2.1]

$$(2.1.2) \qquad \mathcal{H}A = (^j(\mathcal{H}A)_i) = ((^{\cdot-}_i A.^{\,j}_-)^{-1})$$

обращением Адамара матрицы $A = (_bA^a)$ ([5]-page 4).

Я пользуюсь Эйнштейновским соглашением о суммировании. Это означает, что, когда индекс присутствует в выражении дважды и множество индексов известно, у меня есть сумма по этому индексу. Я буду явно указывать множество индексов, если это необходимо. Кроме того, в этой статье я использую туже корневую букву для матрицы и её элементов.

Мы будем изучать матрицы, элементы которых принадлежат телу D. Мы также будем иметь в виду, что вместо тела D мы можем в тексте писать поле F. Мы будем явно писать поле F в тех случаях, когда коммутативность будет порождать новые детали. Обозначим через 1 единичный элемент тела D.

Пусть I, $|I| = n$ - множество индексов. **Символ Кронекера** определён равенством

$$\delta^i_j = \begin{cases} 1 & i = j \\ 0 & i \neq j \end{cases} \qquad i, j \in I$$

2.2. Бикольцо

Мы будем рассматривать матрицы, элементы которых принадлежат телу D.

Произведение матриц связано с произведением гомоморфизмов векторных пространств над полем. Согласно традиции произведение матриц A и B определено как произведение $_*$-строк матрицы A и *-строк матрицы B. Условность этого определения становится очевидной, если мы обратим внимание, что $_*$-строка матрицы A может быть столбцом этой матрицы. В этом случае мы умножаем столбцы матрицы A на строки матрицы B. Таким образом, мы можем определить два вида произведения матриц. Чтобы различать эти произведения, мы вводим новые обозначения.[2.2]

Определение 2.2.1. $_*{}^*$-**произведение матриц** A и B имеет вид

$$(2.2.1) \qquad \begin{cases} A_*{}^*B & = & (^aA_c\ ^cB_b) \\ ^a(A_*{}^*B)_b & = & ^aA_c\ ^cB_b \end{cases}$$

и может быть выражено как произведение $_*$-строки матрицы A и *-строки матрицы B.[2.3]

$\square$

[2.1] Запись $(^{\cdot-}_i A.^{\,j}_-)^{-1}$ означает, что при обращении Адамара столбцы и строки меняются местами. Мы можем формально записать это выражение следующим образом

$$(^{\cdot-}_i A.^{\,j}_-)^{-1} = \frac{1}{_iA_j}$$

[2.2] Для совместимости обозначений с существующими мы будем иметь в виду $_*{}^*$-произведение, когда нет явных обозначений.

[2.3] В альтернативной форме операция состоит из двух символов $*$, которые записываются на месте индекса суммирования. В стандартной форме операция имеет вид

$$\begin{cases} A_*{}^*B & = & (A^a_c B^c_b) \\ (A_*{}^*B)^a_b & = & A^a_c B^c_b \end{cases}$$

и может быть интерпретирована как символическая запись

$$A_*{}^*B = A_* B^*$$

где мы записываем символ $*$ на месте индекса, по которому предполагается суммирование.

ОПРЕДЕЛЕНИЕ 2.2.2. $^*_*$-**произведение матриц** A и B имеет вид

(2.2.2)
$$\begin{cases} A^*_*B & = & (_aA^c\ _cB^b) \\ _a(A^*_*B)^b & = & _aA^c\ _cB^b \end{cases}$$

и может быть выражено как произведение *-строки матрицы A на $_*$-строку матрицы B.[2.4]

$\square$

ЗАМЕЧАНИЕ 2.2.3. Мы будем пользоваться символом $_*$*- или $^*_*$- в имени свойств каждого произведения и в обозначениях. Согласно замечанию 2.1.3 мы можем читать символы $_*$* и $^*_*$ как rc-произведение и cr-произведение. Это правило мы распространим на последующую терминологию.

$\square$

ЗАМЕЧАНИЕ 2.2.4. Также как и в замечании 2.1.4, я хочу обратить внимание на то, что я меняю нумерацию элементов матрицы. Если мы хотим указывать номера $_*$-строки и *-строки согласно определению 2.1.1, то равенство (2.2.2) примет вид

(2.2.3)
$$^b(A^*_*B)_a = {}^cA_a\ ^bB_c$$

Однако формат равенства (2.2.3) несколько необычен.

$\square$

Множество $n \times n$ матриц замкнуто относительно $_*$*-произведения и $^*_*$-произведения, а также относительно суммы, определённой согласно правилу

$$(A+B)^b_a = A^b_a + B^b_a$$

ТЕОРЕМА 2.2.5.

(2.2.4)
$$(A_*{}^*B)^T = A^T{}^*_*B^T$$

ДОКАЗАТЕЛЬСТВО. Цепочка равенств

(2.2.5)
$$\begin{aligned} _a((A_*{}^*B)^T)^b &= {}^a(A_*{}^*B)_b \\ &= {}^aA_c\ ^cB_b \\ &= {}_a(A^T)^c{}_c(B^T)^b \\ &= {}_a((A^T)^*_*(B^T))^b \end{aligned}$$

следует из (2.1.1), (2.2.1) и (2.2.2). Равенство (2.2.4) следует из (2.2.5).

$\square$

Матрица $\delta = (\delta^c_a)$ является единицей для обоих произведений.

ОПРЕДЕЛЕНИЕ 2.2.6. **Бикольцо** $\mathcal{A}$ - это множество, на котором мы определили унарную операцию, называемую транспозицией, и три бинарных операции, называемые $_*$*-произведение, $^*_*$-произведение и сумма, такие что

- $_*$*-произведение и сумма определяют структуру кольца на $\mathcal{A}$
- $^*_*$-произведение и сумма определяют структуру кольца на $\mathcal{A}$
- оба произведения имеют общую единицу δ

[2.4]В альтернативной форме операция состоит из двух символов *, которые записываются на месте индекса суммирования. В стандартной форме операция имеет вид

$$\begin{cases} A^*_*B & = & (A^c_a\ B^b_c) \\ (A^*_*B)^a_b & = & A^c_a\ B^b_c \end{cases}$$

и может быть интерпретирована как символическую запись

$$A^*_*B = A^*B_*$$

где мы записываем символ * на месте индекса, по которому предполагается суммирование.

- произведения удовлетворяют равенству

(2.2.6)
$$(A_*{}^*B)^T = A^T{}^*{}_*B^T$$

- транспозиция единицы есть единица

(2.2.7)
$$\delta^T = \delta$$

- двойная транспозиция есть исходный элемент

(2.2.8)
$$(A^T)^T = A$$

$\square$

Теорема 2.2.7.

(2.2.9)
$$(A^*{}_*B)^T = (A^T)_*{}^*(B^T)$$

Доказательство. Мы можем доказать (2.2.9) в случае матриц тем же образом, что мы доказали (2.2.6). Тем не менее для нас более важно показать, что (2.2.9) следует непосредственно из (2.2.6).

Применяя (2.2.8) к каждому слагаемому в левой части (2.2.9), мы получим

(2.2.10)
$$(A^*{}_*B)^T = ((A^T)^T{}^*{}_*(B^T)^T)^T$$

Из (2.2.10) и (2.2.6) следует, что

(2.2.11)
$$(A^*{}_*B)^T = ((A^T{}_*{}^*B^T)^T)^T$$

(2.2.9) следует из (2.2.11) и (2.2.8).

$\square$

Определение 2.2.8. Мы определим $_*{}^*$-**степень** элемента A бикольца $\mathcal{A}$, пользуясь рекурсивным правилом

(2.2.12)
$$A^{0_*{}^*} = \delta$$

(2.2.13)
$$A^{n_*{}^*} = A^{n-1_*{}^*}{}_*{}^*A$$

$\square$

Определение 2.2.9. Мы определим $^*{}_*$-**степень** элемента A бикольца $\mathcal{A}$, пользуясь рекурсивным правилом

(2.2.14)
$$A^{0^*{}_*} = \delta$$

(2.2.15)
$$A^{n^*{}_*} = A^{n-1^*{}_*}{}^*{}_*A$$

$\square$

Теорема 2.2.10.

(2.2.16)
$$(A^T)^{n_*{}^*} = (A^{n^*{}_*})^T$$

(2.2.17)
$$(A^T)^{n^*{}_*} = (A^{n_*{}^*})^T$$

Доказательство. Мы проведём доказательство индукцией по n.

При $n = 0$ утверждение непосредственно следует из равенств (2.2.12), (2.2.14) и (2.2.7).

Допустим утверждение справедливо при $n = k - 1$

(2.2.18)
$$(A^T)^{n-1_*{}^*} = (A^{n-1^*{}_*})^T$$

Из (2.2.13) следует

(2.2.19)
$$(A^T)^{k_*{}^*} = (A^T)^{k-1_*{}^*}{}_*{}^*A^T$$

Из (2.2.19) и (2.2.18) следует

(2.2.20)
$$(A^T)^{k_*{}^*} = (A^{k-1^*{}_*})^T{}_*{}^*A^T$$

Из (2.2.20) и (2.2.9) следует

(2.2.21) $$(A^T)^{k_*}{}^* = (A^{k-1_*}{}^*{}_*A)^T$$

Из (2.2.19) и (2.2.15) следует (2.2.16).

Мы можем доказать (2.2.17) подобным образом.   □

ОПРЕДЕЛЕНИЕ 2.2.11. Элемент $A^{-1_*}{}^*$ бикольца $\mathcal{A}$ - это $_*^*$**-обратный элемент** элемента A, если

(2.2.22) $$A_*{}^*A^{-1_*}{}^* = \delta$$

Элемент $A^{-1^*}{}_*$ бикольца $\mathcal{A}$ - это $^*_*$**-обратный элемент** элемента A, если

(2.2.23) $$A^*{}_*A^{-1^*}{}_* = \delta$$

                                                                               □

ТЕОРЕМА 2.2.12. *Предположим, что элемент $A \in \mathcal{A}$ имеет $_*^*$-обратный элемент. Тогда транспонированный элемент A^T имеет $^*_*$-обратный элемент и эти элементы удовлетворяют равенству*

(2.2.24) $$(A^T)^{-1^*}{}_* = (A^{-1_*}{}^*)^T$$

Предположим, что элемент $A \in \mathcal{A}$ имеет $^*_*$-обратный элемент. Тогда транспонированный элемент A^T имеет $_*^*$-обратный элемент и эти элементы удовлетворяет равенству

(2.2.25) $$(A^T)^{-1_*}{}^* = (A^{-1^*}{}_*)^T$$

ДОКАЗАТЕЛЬСТВО. Если мы возьмём транспонирование обеих частей (2.2.22) и применим (2.2.7), мы получим

$$(A_*{}^*A^{-1_*}{}^*)^T = \delta^T = \delta$$

Применяя (2.2.6), мы получим

(2.2.26) $$\delta = A^{T*}{}_*(A^{-1_*}{}^*)^T$$

(2.2.24) следует из сравнения (2.2.23) и (2.2.26).

Мы можем доказать (2.2.25) подобным образом.   □

Теоремы 2.2.5, 2.2.7, 2.2.10 и 2.2.12 показывают, что существует двойственность между $_*^*$-произведением и $^*_*$-произведением. Мы можем объединить эти утверждения.

ТЕОРЕМА 2.2.13 (**принцип двойственности для бикольца**). *Пусть $\mathfrak{A}$ - истинное утверждение о бикольце $\mathcal{A}$. Если мы заменим одновременно*

- *$A \in \mathcal{A}$ и A^T*
- *$_*^*$-произведение и $^*_*$-произведение*

то мы снова получим истинное утверждение.

ТЕОРЕМА 2.2.14 (**принцип двойственности для бикольца матриц**). *Пусть $\mathcal{A}$ является бикольцом матриц. Пусть $\mathfrak{A}$ - истинное утверждение о матрицах. Если мы заменим одновременно*

- **-строки и $_*$-строки всех матриц*
- *$_*^*$-произведение и $^*_*$-произведение*

то мы снова получим истинное утверждение.

ДОКАЗАТЕЛЬСТВО. Непосредственное следствие теоремы 2.2.13.   □

ЗАМЕЧАНИЕ 2.2.15. В выражении

$$A_{*}{}^{*}B_{*}{}^{*}C$$

мы выполняем операцию умножения слева направо. Однако мы можем выполнять операцию умножения справа налево. В традиционной записи это выражение примет вид

$$C^{*}{}_{*}B^{*}{}_{*}A$$

Мы сохраним правило, что показатель степени записывается справа от выражения. Если мы пользуемся стандартным представлением, то индексы также записываются справа от выражения. Если мы пользуемся альтернативным представлением, то индексы читаются в том же порядке, что и символы операции и корневые буквы. Например, если исходное выражение имеет вид

$$A^{-1_{*}{}^{*}}{}_{*}{}^{*}B_{a}$$

то выражение, читаемое справа налево, примет вид

$$B_{a}{}^{*}{}_{*}A^{-1^{*}}{}_{*}$$

в стандартном представлении либо примет вид

$$_{a}B^{*}{}_{*}A^{-1^{*}}{}_{*}$$

в альтернативном представлении.

Если задать порядок, в котором мы записываем индексы, то мы можем утверждать, что мы читаем выражение сверху вниз, читая сперва верхние индексы, потом нижние. Договорившись, что это стандартная форма чтения, мы можем прочесть выражение снизу вверх. При этом мы дополним правило, что символы операции также читаются в том же направлении, что и индексы. Например, выражение

$$A^{a}{}_{*}{}^{*}B^{-1^{*}} = C^{a}$$

прочтённое снизу вверх, в стандартной форме имеет вид

$$A_{a}{}^{*}{}_{*}B^{-1^{*}} = C_{a}$$

Согласно принципу двойственности, если верно одно утверждение, то верно и другое. $\square$

ТЕОРЕМА 2.2.16. *Если матрица A имеет $_{*}{}^{*}$-обратную матрицу, то для любых матриц B и C из равенства*

(2.2.27)
$$B_{*}{}^{*}A = C_{*}{}^{*}A$$

следует равенство

(2.2.28)
$$B = C$$

ДОКАЗАТЕЛЬСТВО. Равенство (2.2.28) следует из (2.2.27), если обе части равенства (2.2.27) умножить на $A^{-1_{*}{}^{*}}$. $\square$

2.3. Квазидетерминант

ТЕОРЕМА 2.3.1. *Предположим, что $n \times n$ матрица A имеет $_{*}{}^{*}$-обратную матрицу.*[2.5] *Тогда $k \times k$ минорная матрица $_{*}{}^{*}$-обратной матрицы удовлетворяет равенству*

(2.3.1)
$$\left({}^{I}(A^{-1_{*}})_{J}\right)^{-1_{*}{}^{*}} = {}^{J}A_{I} - {}^{J}A_{[I]*}{}^{*}\left({}^{[J]}A_{[I]}\right)^{-1_{*}{}^{*}}{}_{*}{}^{*[J]}A_{I}$$

[2.5]Это утверждение и его доказательство основаны на утверждении 1.2.1 из [4] (page 8) для матриц над свободным кольцом с делением.

Доказательство. Определение (2.2.22) ∗*-обратной матрицы приводит к системе линейных уравнений

$$(2.3.2) \qquad {}^{[J]}A_{[I]*}{}^{*[I]}(A^{-1_*{}^*})_J + {}^{[J]}A_{I*}{}^{*I}(A^{-1_*{}^*})_J = 0$$

$$(2.3.3) \qquad {}^{J}A_{[I]*}{}^{*[I]}(A^{-1_*{}^*})_J + {}^{J}A_{I*}{}^{*I}(A^{-1_*{}^*})_J = \delta$$

Мы умножим (2.3.2) на $\left({}^{[J]}A_{[I]}\right)^{-1_*{}^*}$

$$(2.3.4) \qquad {}^{[I]}(A^{-1_*{}^*})_J + \left({}^{[J]}A_{[I]}\right)^{-1_*{}^*}{}_*{}^{*[J]}A_{I*}{}^{*I}(A^{-1_*{}^*})_J = 0$$

Теперь мы можем подставить (2.3.4) в (2.3.3)

$$(2.3.5) \qquad -{}^{J}A_{[I]*}{}^{*}\left({}^{[J]}A_{[I]}\right)^{-1_*{}^*}{}_*{}^{*[J]}A_{I*}{}^{*I}(A^{-1_*{}^*})_J + {}^{J}A_{I*}{}^{*I}(A^{-1_*{}^*})_J = \delta$$

(2.3.1) следует из (2.3.5). $\square$

Следствие 2.3.2. *Предположим, что $n \times n$ матрица A имеет ∗*-обратную матрицу. Тогда элементы ∗*-обратной матрицы удовлетворяют равенству*[2.1]

$$(2.3.6) \qquad {}^{i}(A^{-1_*{}^*})_j = \left({}^{j}A_i - {}^{j}A_{[i]*}{}^{*}\left({}^{[j]}A_{[i]}\right)^{-1_*{}^*}{}_*{}^{*[j]}A_i\right)^{-1}$$

$$(2.3.7) \qquad {}^{j}\left(\mathcal{H}A^{-1_*{}^*}\right)_i = {}^{j}A_i - {}^{j}A_{[i]*}{}^{*}\left({}^{[j]}A_{[i]}\right)^{-1_*{}^*}{}_*{}^{*[j]}A_i$$

                                                                               $\square$

Пример 2.3.3. Рассмотрим матрицу

$$\begin{pmatrix} {}^{1}A_1 & {}^{1}A_2 \\ {}^{2}A_1 & {}^{2}A_2 \end{pmatrix}$$

Согласно (2.3.6)

$$(2.3.8) \qquad {}^{1}(A^{-1_*{}^*})_1 = ({}^{1}A_1 - {}^{1}A_2({}^{2}A_2)^{-1}\,{}^{2}A_1)^{-1}$$

$$(2.3.9) \qquad {}^{2}(A^{-1_*{}^*})_1 = ({}^{1}A_2 - {}^{1}A_1({}^{2}A_1)^{-1}\,{}^{2}A_2)^{-1}$$

$$(2.3.10) \qquad {}^{1}(A^{-1_*{}^*})_2 = ({}^{2}A_1 - {}^{2}A_2({}^{1}A_2)^{-1}\,{}^{1}A_1)^{-1}$$

$$(2.3.11) \qquad {}^{2}(A^{-1_*{}^*})_2 = ({}^{2}A_2 - {}^{2}A_1({}^{1}A_1)^{-1}\,{}^{1}A_2)^{-1}$$

$$A^{-1_*{}^*} = \begin{pmatrix} ({}_1A^1 - {}_1A^2({}_2A^2)^{-1}\,{}_2A^1)^{-1} & ({}_1A^2 - {}_1A^1({}_2A^1)^{-1}\,{}_2A^2)^{-1} \\ ({}_2A^1 - {}_2A^2({}_1A^2)^{-1}\,{}_1A^1)^{-1} & ({}_2A^2 - {}_2A^1({}_1A^1)^{-1}\,{}_1A^2)^{-1} \end{pmatrix}$$

                                                                               $\square$

Согласно [4], page 3 у нас нет определения детерминанта в случае тела. Тем не менее, мы можем определить квазидетерминант, который в конечном итоге даёт похожую картину. В определении, данном ниже, мы следуем определению [4]-1.2.2.

Определение 2.3.4. $\binom{j}{i}$-∗*-**квазидетерминант** $n \times n$ матрицы A - это формальное выражение[2.1]

$$(2.3.12) \qquad {}^{j}\det({}_*{}^{*})_i\, A = {}^{j}\left(\mathcal{H}A^{-1_*{}^*}\right)_i$$

Согласно замечанию 2.1.2 мы можем рассматривать $\binom{j}{i}$-∗*-квазидетерминант как элемент матрицы $\det({}_*{}^{*})\, A$, которую мы будем называть ∗*-**квазидетерминантом**. $\square$

ТЕОРЕМА 2.3.5. *Выражение для $_*{}^*$-обратной матрицы имеет вид*

$$(2.3.13) \qquad A^{-1}{}_*{}^* = \mathcal{H}\det(_*{}^*)A$$

Доказательство. (2.3.13) следует из (2.3.12). □

ТЕОРЕМА 2.3.6. *Выражение для $\binom{j}{i}$-$_*{}^*$-квазидетерминанта имеет любую из следующих форм*[2.6]

$$(2.3.14) \qquad {}^j\det(_*{}^*)_i\, A = {}^jA_i - {}^jA_{[i]*}{}^* \left({}^{[j]}A_{[i]}\right)^{-1}{}_*{}^* {}_*{}^{[j]}A_i$$

$$(2.3.15) \qquad {}^j\det(_*{}^*)_i\, A = {}^jA_i - {}^jA_{[i]*}{}^*\mathcal{H}\det(_*{}^*)^{[j]}A_{[i]*}{}^{[j]}A_i$$

Доказательство. Утверждение следует из (2.3.7) и (2.3.12). □

ПРИМЕР 2.3.7. Рассмотрим матрицу

$$\begin{pmatrix} {}^1A_1 & {}^1A_2 \\ {}^2A_1 & {}^2A_2 \end{pmatrix}$$

Согласно (2.3.14)

$$\det(_*{}^*)A = \begin{pmatrix} {}^1A_1 - {}^1A_2({}^2A_2)^{-1}\,{}^2A_1 & {}^1A_2 - {}^1A_1({}^2A_1)^{-1}\,{}^2A_2 \\ {}^2A_1 - {}^2A_2({}^1A_2)^{-1}\,{}^1A_1 & {}^2A_2 - {}^2A_1({}^1A_1)^{-1}\,{}^1A_2 \end{pmatrix}$$

$$\det({}^*_*)A = \begin{pmatrix} {}_1A^1 - {}_1A^2({}_2A^2)^{-1}\,{}_2A^1 & {}_2A^1 - {}_2A^2({}_1A^2)^{-1}\,{}_1A^1 \\ {}_1A^2 - {}_1A^1({}_2A^1)^{-1}\,{}_2A^2 & {}_2A^2 - {}_2A^1({}_1A^1)^{-1}\,{}_1A^2 \end{pmatrix}$$

□

ТЕОРЕМА 2.3.8.

$$(2.3.16) \qquad {}_j\det(_*{}^*)^i\, A^T = {}^j\det({}^*_*)_i\, A$$

Доказательство. Согласно (2.3.12) и (2.1.2)

$$_j\det(_*{}^*)^i\, A^T = (._-^{\,j}((A^T)^{-1}{}_*{}^*)._i^{\,-})^{-1}$$

Пользуясь теоремой 2.2.12, мы получим

$$_j\det(_*{}^*)^i\, A^T = (._-^{\,j}((A^{-1}{}_*{}^*)^T)._i^{\,-})^{-1}$$

Пользуясь (2.1.1), мы имеем

$$(2.3.17) \qquad _j\det(_*{}^*)^i\, A^T = (._i^{\,-}(A^{-1}{}_*{}^*)._-^{\,i})^{-1}$$

Пользуясь (2.3.17), (2.1.2), (2.3.12), мы получим (2.3.16). □

Теорема 2.3.8 расширяет принцип двойственности, теорема 2.2.14, на утверждения о квазидетерминантах и утверждает, что одно и тоже выражение является $_*{}^*$-квазидетерминантом матрицы A и ${}^*_*$-квазидетерминантом матрицы A^T. Пользуясь этой теоремой, мы можем записать любое утверждение о ${}^*_*$-матрице, опираясь на подобное утверждение о $_*{}^*$-матрице.

[2.6]Мы можем дать подобное доказательство для $\binom{j}{i}$-${}^*_*$-**квазидетерминанта**. Однако мы можем записать соответствующие утверждения, опираясь на принцип двойственности. Так, если прочесть равенство (2.3.14) справа налево, то мы получим равенство

$$^j\det({}^*_*)A_i = {}^jA_i - {}^{[j]}A_i{}^*_* \left({}^{[j]}A_{[i]}\right)^{-1}{}^*_* {}^*_* {}^jA_{[i]}$$

$$^j\det({}^*_*)A_i = {}^jA_i - {}^{[j]}A_i{}^*_*\mathcal{H}\det({}^*_*)^{[j]}A_{[i]}{}^*_* {}^jA_{[i]}$$

Теорема 2.3.9 (принцип двойственности). *Пусть $\mathfrak{A}$ - истинное утверждение о би-кольце матриц. Если мы одновременно заменим*

- *$_*$-строку и *-строку*
- *$_*^*$-квазидетерминант и $^*_*$-квазидетерминант*

то мы снова получим истинное утверждение.

Теорема 2.3.10.

$$(2.3.18) \qquad (mA)^{-1_*^{*}} = A^{-1_*^{*}} m^{-1}$$

$$(2.3.19) \qquad (Am)^{-1_*^{*}} = m^{-1} A^{-1_*^{*}}$$

Доказательство. Мы докажем равенство (2.3.18) индукцией по размеру матрицы. Для 1×1 матрицы утверждение очевидно, так как

$$(mA)^{-1_*^{*}} = ((mA)^{-1}) = (A^{-1}m^{-1}) = (A^{-1})\,m^{-1} = A^{-1_*^{*}} m^{-1}$$

Допустим утверждение справедливо для $(n-1) \times (n-1)$ матрицы. Тогда из равенства (2.3.1) следует

$$\left({}^I((mA)^{-1_*^{*}})_J\right)^{-1_*^{*}} = {}^J(mA)_I - {}^J(mA)_{[I]*}{}^* \left({}^{[J]}(mA)_{[I]}\right)^{-1_*^{*}}{}_*^{*[J]}(mA)_I$$

$$= m\,{}^J A_I - m\,{}^J A_{[I]*}{}^* \left({}^{[J]} A_{[I]}\right)^{-1_*^{*}} m^{-1}{}_*^{*} m\,{}^{[J]} A_I$$

$$= m\,{}^J A_I - m\,{}^J A_{[I]*}{}^* \left({}^{[J]} A_{[I]}\right)^{-1_*^{*}}{}_*^{*[J]} A_I$$

$$(2.3.20) \qquad \left({}^I((mA)^{-1_*^{*}})_J\right)^{-1_*^{*}} = m\,{}^I(A^{-1_*^{*}})_J$$

Из равенства (2.3.20) следует равенство (2.3.18). Аналогично доказывается равенство (2.3.19).
$\square$

Теорема 2.3.11. *Пусть*

$$(2.3.21) \qquad A = \begin{pmatrix} 1 & 0 \\ 0 & 1 \end{pmatrix}$$

Тогда

$$(2.3.22) \qquad A^{-1_*^{*}} = \begin{pmatrix} 1 & 0 \\ 0 & 1 \end{pmatrix}$$

$$(2.3.23) \qquad A^{-1^*_*} = \begin{pmatrix} 1 & 0 \\ 0 & 1 \end{pmatrix}$$

Доказательство. Из (2.3.8) и (2.3.11) очевидно, что ${}^1(A^{-1_*^{*}})_1 = 1$ и ${}^2(A^{-1_*^{*}})_2 = 1$. Тем не менее выражение для ${}^2(A^{-1_*^{*}})_1$ и ${}^1(A^{-1_*^{*}})_2$ не может быть определено из (2.3.9) и (2.3.10) так как ${}^2 A_1 = {}^1 A_2 = 0$. Мы можем преобразовать эти выражения. Например

$$\begin{aligned} {}^2(A^{-1_*^{*}})_1 &= ({}^1 A_2 - {}^1 A_1 ({}^2 A_1)^{-1}\,{}^2 A_2)^{-1} \\ &= ({}^1 A_1(({}^1 A_1)^{-1}\,{}^1 A_2 - ({}^2 A_1)^{-1}\,{}^2 A_2))^{-1} \\ &= (({}^2 A_1)^{-1}\,{}^1 A_1({}^2 A_1({}^1 A_1)^{-1}\,{}^1 A_2 - {}^2 A_2))^{-1} \\ &= ({}^1 A_1({}^2 A_1({}^1 A_1)^{-1}\,{}^1 A_2 - {}^2 A_2))^{-1}\,{}^2 A_1 \end{aligned}$$

Мы непосредственно видим, что ${}^2(A^{-1_*^{*}})_1 = 0$. Таким же образом мы можем найти, что ${}^1(A^{-1_*^{*}})_2 = 0$. Это завершает доказательство (2.3.22).

Равенство (2.3.23) следует из (2.3.22), теоремы 2.3.8 и симметрии матрицы (2.3.21). $\square$

Глава 3

Представление группы

3.1. Представление универсальной алгебры

ОПРЕДЕЛЕНИЕ 3.1.1. Пусть на множестве M определена структура Ω_2-алгебры ([1, 8]). Эндоморфизм Ω_2-алгебры

$$t : M \to M$$

называется **преобразованием универсальной алгебры** M.[3.1] $\qquad\square$

Мы будем обозначать δ тождественное преобразование.

ОПРЕДЕЛЕНИЕ 3.1.2. Пусть $^*M$ - множество **левосторонних преобразований**

$$u' = tu$$

Ω_2-алгебры M. Пусть на множестве $^*M$ определена структура Ω_1-алгебры. Гомоморфизм

(3.1.1) $$f : A \to {}^*M$$

Ω_1-алгебры A в Ω_1-алгебру $^*M$ называется **левосторонним представлением** Ω_1-**алгебры** A или $A*$-**представлением** в Ω_2-алгебре M. $\qquad\square$

ОПРЕДЕЛЕНИЕ 3.1.3. Пусть M^* - множество **правосторонних преобразований**

$$u' = ut$$

Ω_2-алгебры M. Пусть на множестве M^* определена структура Ω_1-алгебры. Гомоморфизм

$$f : A \to M^*$$

Ω_1-алгебры A в Ω_1-алгебру M^* называется **правосторонним представлением** Ω_1-**алгебры** A или $*A$-**представлением** в Ω_2-алгебре M. $\qquad\square$

Мы распространим на теорию представлений соглашение, описанное в замечании 2.2.15. Мы можем записать принцип двойственности в следующей форме

ТЕОРЕМА 3.1.4 (принцип двойственности). *Любое утверждение, справедливое для левостороннего представления Ω_1-алгебры A, будет справедливо для правостороннего представления Ω_1-алгебры A.*

ЗАМЕЧАНИЕ 3.1.5. Существует две формы записи преобразования Ω_2-алгебры M. Если мы пользуемся операторной записью, то преобразование A записывается в виде Aa или aA, что соответствует левостороннему преобразованию или правостороннему преобразованию. Если мы пользуемся функциональной записью, то преобразование A записывается в виде $A(a)$ независимо от того, это левостороннее или правостороннее преобразование. Эта запись согласована с принципом двойственности.

Это замечание является основой следующего соглашения. Когда мы пользуемся функциональной записью, мы не различаем левостороннее и правостороннее преобразование.

[3.1]Если множество операций Ω_2-алгебры пусто, то

$$t : M \to M$$

является отображением.

Мы будем обозначать $^*M$ множество преобразований Ω_2-алгебры M. Пусть на множестве $^*M$ определена структура Ω_1-алгебры. Пусть A является Ω_1-алгеброй. Мы будем называть гомоморфизм

$$(3.1.2) \qquad\qquad\qquad f : A \to {}^*M$$

представлением Ω_1-алгебры A в Ω_2-алгебре M. Мы будем также пользоваться записью

$$f : A \longrightarrow_{*} M$$

для обозначения представления Ω_1-алгебры A в Ω_2-алгебре M.

Соответствие между операторной записью и функциональной записью однозначно. Мы можем выбирать любую форму записи, которая удобна для изложения конкретной темы.

$\square$

Определение 3.1.6. Мы будем называть представление Ω_1-алгебры A **эффективным**, если отображение $(3.1.2)$ - изоморфизм Ω_1-алгебры A в $^*M$. $\square$

Замечание 3.1.7. Если левостороннее представление Ω_1-алгебры эффективно, мы можем отождествлять элемент Ω_1-алгебры с его образом и записывать левостороннее преобразование, порождённое элементом $a \in A$, в форме

$$v' = av$$

Если правостороннее представление Ω_1-алгебры эффективно, мы можем отождествлять элемент Ω_1-алгебры с его образом и записывать правостороннее преобразование, порождённое элементом $a \in A$, в форме

$$v' = va$$

$\square$

Определение 3.1.8. Пусть

$$f : A \to {}^*M$$

представление Ω_1-алгебры A в Ω_2-алгебре M и

$$g : B \to {}^*N$$

представление Ω_1-алгебры B в Ω_2-алгебре N. Пара отображений

$$(3.1.3) \qquad\qquad (r : A \to B, R : M \to N)$$

таких, что

- r - гомоморфизм Ω_1-алгебры
- R - гомоморфизм Ω_2-алгебры
-

$$(3.1.4) \qquad\qquad R \circ f(a) = g(r(a)) \circ R$$

называется **морфизмом представлений из** f **в** g. Мы также будем говорить, что определён **морфизм представлений Ω_1-алгебры в Ω_2-алгебре**. $\square$

Я рассматриваю представление универсальной алгебры в книге [7]. В этой главе я рассматриваю представление групп. В главе 4 я рассматриваю представление тела в абелевой группе.

3.2. Представление группы

Группа - одна из немногих алгебр, которая позволяет рассматривать произведение преобразований Ω-алгебры M таким образом, что если преобразования принадлежат представлению, то их произведение также принадлежит представлению. При этом следует помнить, что порядок отображений при суперпозиции зависит от порядка отображений на диаграмме и с какой стороны отображения действуют на элементы множества.

Определение 3.2.1. Пусть $^\star M$ - группа с произведением

$$(f \circ g)x = f(gx)$$

и δ - единица группы $^\star M$. Пусть G - группа. Мы будем называть гомоморфизм групп

$$(3.2.1) \qquad f : G \to {}^\star M$$

левосторонним представлением группы G или $G*$-**представлением группы** в Ω-алгебре M, если отображение f удовлетворяет условиям

$$(3.2.2) \qquad f(ab)u = f(a)(f(b)u)$$

$\square$

Замечание 3.2.2. Поскольку отображение (3.2.1) - гомоморфизм, то

$$(3.2.3) \qquad f(ab)u = (f(a)f(b))u$$

Мы здесь пользуемся соглашением

$$f(a)f(b) = f(a) \circ f(b)$$

Таким образом, концепция представления групп состоит в том, что в каком порядке мы перемножаем элементы группы, в том же порядке перемножаются соответствующие преобразования представления. Из равенств (3.2.2) и (3.2.3) следует

$$(3.2.4) \qquad (f(a)f(b))u = f(a)(f(b)u)$$

Равенство (3.2.4) совместно с ассоциативностью произведения преобразований представляет собой **закон ассоциативности** для $G*$-представления. Это позволяет записывать равенство (3.2.4) без использования скобок

$$f(ab)u = f(a)f(b)u$$

$\square$

Определение 3.2.3. Пусть $M^\star$ - группа с произведением

$$x(f \circ g) = (xf)g$$

и δ - единица группы $M^\star$. Пусть G - группа. Мы будем называть гомоморфизм групп

$$(3.2.5) \qquad f : G \to M^\star$$

правосторонним представлением группы G или $*G$-**представлением** в Ω-алгебре M, если отображение f удовлетворяет условиям

$$(3.2.6) \qquad uf(ab) = (uf(a))f(b)$$

$\square$

Замечание 3.2.4. Поскольку отображение (3.2.5) - гомоморфизм, то

$$(3.2.7) \qquad uf(ab) = u(f(a)f(b))$$

Из равенств (3.2.6) и (3.2.7) следует

$$(3.2.8) \qquad u(f(a)f(b)) = (uf(a))f(b)$$

Равенство (3.2.8) совместно с ассоциативностью произведения преобразований представляет собой **закон ассоциативности** для $*G$-представления. Это позволяет записывать равенство (3.2.8) без использования скобок

$$uf(ab) = uf(a)f(b)$$

$\square$

ОПРЕДЕЛЕНИЕ 3.2.5. Мы будем называть преобразование

$$t : M \to M$$

невырожденным преобразованием, если существует обратное отображение. $\square$

ТЕОРЕМА 3.2.6. *Для любого $g \in G$ преобразование $f(g)$ является невырожденным и удовлетворяет равенству*

(3.2.9) $$f(g^{-1}) = f(g)^{-1}$$

ДОКАЗАТЕЛЬСТВО. На основании (3.2.2) и

$$f(e) = \delta$$

мы можем записать

$$u = \delta(u) = f(gg^{-1})(u) = f(g)(f(g^{-1})(u))$$

Это завершает доказательство. $\square$

ТЕОРЕМА 3.2.7. *Групповая операция определяет два различных представления на группе:*

- **Левый сдвиг** $t_\star$

(3.2.10) $$b' = t_\star(a)b = ab$$
$$b' = t_\star(a)(b) = ab$$

является $G*$-представлением на множестве[3.2] G

(3.2.11) $$t_\star(ab) = t_\star(a) \circ t_\star(b)$$

- **Правый сдвиг** $_\star t$

(3.2.12) $$b' = b \,_\star t(a) = ba$$
$$b' = \,_\star t(a)(b) = ba$$

является $*G$-представлением на множестве G

(3.2.13) $$_\star t(ab) = \,_\star t(a) \circ \,_\star t(b)$$

ДОКАЗАТЕЛЬСТВО. Равенство (3.2.11) следует из ассоциативности произведения

$$t_\star(ab)c = (ab)c = a(bc) = t_\star(a)(t_\star(b)c) = (t_\star(a) \circ t_\star(b))c$$

Аналогично доказывается равенство (3.2.13). $\square$

ОПРЕДЕЛЕНИЕ 3.2.8. Пусть G - группа. Пусть f - $G*$-представление в Ω-алгебре M. Для любого $v \in M$ мы определим **орбиту представления группы G** как множество

$$f(G)v = \{w = f(g)v : g \in G\}$$

$\square$

Так как $f(e) = \delta$, то $v \in f(G)v$.

[3.2]Левый сдвиг не является представлением группы в группе, так как преобразование $t_\star$ не является гомоморфизмом группы. Аналогичное замечание верно для правого сдвига.

Теорема 3.2.9. *Если*

(3.2.14)
$$v \in f(G)u$$

то
$$f(G)u = f(G)v$$

Доказательство. Из (3.2.14) следует существование $a \in G$ такого, что

(3.2.15)
$$v = f(a)u$$

Если $w \in f(G)v$, то существует $b \in G$ такой, что

(3.2.16)
$$w = f(b)v$$

Подставив (3.2.15) в (3.2.16), мы получим

(3.2.17)
$$w = f(b)(f(a)u)$$

На основании (3.2.2) из (3.2.17) следует, что $w \in f(G)u$. Таким образом,

$$f(G)v \subseteq f(G)u$$

На основании (3.2.9) из (3.2.15) следует, что

(3.2.18)
$$u = f(a)^{-1}v = f(a^{-1})v$$

Равенство (3.2.18) означает, что $u \in f(G)v$ и, следовательно,

$$f(G)u \subseteq f(G)v$$

Это завершает доказательство. □

Таким образом, $G*$-представление f в Ω-алгебре M порождает отношение эквивалентности S и орбита $f(G)u$ является классом эквивалентности. Мы будем пользоваться обозначением $M/f(G)$ для фактор множества M/S и мы будем называть это множество **пространством орбит** $G*$-**представления** f.

3.3. Однотранзитивное правостороннее представление группы

Определение 3.3.1. Мы будем называть **ядром неэффективности** $G*$-**представления** множество

$$K_f = \{g \in G : f(g) = \delta\}$$

□

Теорема 3.3.2. *Ядро неэффективности* $G*$-*представления - это подгруппа группы* G.

Доказательство. Допустим $f(a_1) = \delta$ и $f(a_2) = \delta$. Тогда

$$f(a_1 a_2)u = f(a_1)(f(a_2)u) = u$$
$$f(a^{-1}) = f^{-1}(a) = \delta$$

□

Теорема 3.3.3. $G*$-*представление* **эффективно** *тогда и только тогда, когда ядро неэффективности* $K_f = \{e\}$.

Доказательство. Утверждение является следствием определений 3.1.6 и 3.3.1 и теоремы 3.3.2. □

Если действие не эффективно, мы можем перейти к эффективному заменив группой $G_1 = G|K_f$, пользуясь факторизацией по ядру неэффективности. Это означает, что мы можем изучать только эффективное действие.

Определение 3.3.4. Мы будем называть представление группы **транзитивным**, если для любых $a, b \in V$ существует такое g, что

$$a = f(g)(b)$$

Мы будем называть представление группы **однотранзитивным**, если оно транзитивно и эффективно. $\qquad\square$

Теорема 3.3.5. *$G*$-представление однотранзитивно тогда и только тогда, когда для любых $a, b \in M$ существует одно и только одно $g \in G$ такое, что $a = f(g)(b)$*

Доказательство. Следствие определений 3.1.6 и 3.3.4. $\qquad\square$

Определение 3.3.6. Мы будем называть пространство V **однородным пространством группы** G, если мы имеем однотранзитивное $G*$-представление на V. $\qquad\square$

Теорема 3.3.7. *Если мы определим однотранзитивное представление f группы G на Ω-алгебре A, то мы можем однозначно определить координаты на A, пользуясь координатами на группе G.*

Если f - левостороннее представление, то $f(a)$ эквивалентно левому сдвигу $t_\star(a)$ на группе G. Если f - правостороннее представление, то $f(a)$ эквивалентно правому сдвигу $_\star t(a)$ на группе G.

Доказательство. Мы выберем точку $v \in A$ и определим координаты точки $w \in A$ как координаты $a \in G$ такого, что $w = f(a)v$. Координаты, определённые таким образом, однозначны с точностью до выбора начальной точки $v \in A$, так как действие эффективно.

Если f - левостороннее представление, мы будем пользоваться записью

$$f(a)v = av$$

Так как запись

$$f(a)(f(b)v) = a(bv) = (ab)v = f(ab)v$$

совместима с групповой структурой, мы видим, что левостороннее представление f эквивалентно левому сдвигу.

Если f - правостороннее представление, мы будем пользоваться записью

$$vf(a) = va$$

Так как запись

$$(vf(b))f(a) = (vb)a = v(ba) = vf(ba)$$

совместима с групповой структурой, мы видим, что правостороннее представление f эквивалентно правому сдвигу. $\qquad\square$

Замечание 3.3.8. Мы будем записывать эффективное $G*$-представление в форме

$$v' = t_\star(a)v = av$$

Орбита этого представления имеет вид

$$Gv = t_\star(G)v$$

Мы будем пользоваться обозначением $M/t_\star(G)$ для пространства орбит эффективного $G*$-представления. $\qquad\square$

Замечание 3.3.9. Мы будем записывать эффективное $*G$-представление в форме

$$v' = v \,_\star t(a) = va$$

Орбита этого представления имеет вид

$$vG = v \,_\star t(G)$$

Мы будем пользоваться обозначением $M/_\star t(G)$ для пространства орбит эффективного $*G$-представления. $\qquad\square$

Теорема 3.3.10. *Правый и левый сдвиги на группе G перестановочны.*

Доказательство. Это следствие ассоциативности группы G

$$(t_\star(a) \circ {}_\star t(b))c = a(cb) = (ac)b = ({}_\star t(b) \circ t_\star(a))c$$

$\square$

Теорема 3.3.10 может быть сформулирована следующим образом.

Теорема 3.3.11. *Пусть G - группа. Для любого $a \in G$ отображение $t_\star(a)$ является автоморфизмом представления ${}_\star t$.*

Доказательство. Согласно теореме 3.3.10

$$(3.3.1) \qquad\qquad t_\star(a) \circ {}_\star t(b) = {}_\star t(b) \circ t_\star(a)$$

Равенство (3.3.1) совпадает с равенством (3.1.4) из определения 3.1.8 при условии $r = id$, $R = t_\star(a)$. $\square$

Теорема 3.3.12. *Пусть $G*$-представление f на Ω-алгебре M однотранзитивно. Тогда мы можем однозначно определить однотранзитивное $*G$-представление h на Ω-алгебре M такое, что диаграмма*

$$
\begin{array}{ccc}
M & \xrightarrow{h(a)} & M \\
\downarrow{\scriptstyle f(b)} & & \downarrow{\scriptstyle f(b)} \\
M & \xrightarrow{h(a)} & M
\end{array}
$$

коммутативна для любых a, $b \in G$.[3.3]

Доказательство. Мы будем пользоваться групповыми координатами для точек $v \in M$. Тогда согласно теореме 3.3.7 мы можем записать левый сдвиг $t_\star(a)$ вместо преобразования $f(a)$.

Пусть $v_0, v \in M$. Тогда мы можем найти одно и только одно $a \in G$ такое, что

$$v = v_0 a = v_0 {}_\star t(a)$$

Мы предположим

$$h(a) = {}_\star t(a)$$

Существует $b \in G$ такое, что

$$w_0 = f(b)v_0 = t_\star(b)v_0 \qquad w = f(b)v = t_\star(b)v$$

Согласно теореме 3.3.10 диаграмма

$$(3.3.2) \qquad
\begin{array}{ccc}
v_0 & \xrightarrow{h(a) = {}_\star t(a)} & v \\
\downarrow{\scriptstyle f(b) = t_\star(b)} & & \downarrow{\scriptstyle f(b) = t_\star(b)} \\
w_0 & \xrightarrow{h(a) = {}_\star t(a)} & w
\end{array}
$$

коммутативна.

Изменяя b мы получим, что w_0 - это произвольная точка, принадлежащая M.

Мы видим из диаграммы, что, если $v_0 = v$, то $w_0 = w$ и следовательно $h(e) - \delta$. С другой стороны, если $v_0 \neq v$, то $w_0 \neq w$ потому, что $G*$-представление f однотранзитивно. Следовательно $*G$-представление h эффективно.

Таким же образам мы можем показать, что для данного w_0 мы можем найти a такое, что $w = h(a)w_0$. Следовательно $*G$-представление h однотранзитивно.

[3.3]Это утверждение можно также найти в [2].

В общем случае, произведение преобразований $G*$-представления f не коммутативно и следовательно $*G$-представление h отлично от $G*$-представления f. Таким же образом мы можем создать $G*$-представление f, пользуясь $*G$-представлением h.   □

Мы будем называть представления f и h **парными представлениями группы** G.

ЗАМЕЧАНИЕ 3.3.13. Очевидно, что преобразования $t_\star(a)$ и $_\star t(a)$ отличаются, если группа G неабелева. Тем не менее, они являются отображениями на. Теорема 3.3.12 утверждает, что, если оба представления правого и левого сдвига существуют на множестве M, то мы можем определить два перестановочных представления на множестве M. Только правый или левый сдвиг не может представлять оба типа представления. Чтобы понять почему это так, мы можем изменить диаграмму (3.3.2) и предположить $h(a)v_0 = t_\star(a)v_0 = v$ вместо $h(a)v_0 = v_{0\star}t(a) = v$ и проанализировать, какое выражение $h(a)$ имеет в точке w_0. Диаграмма

$$
\begin{array}{ccc}
v_0 & \xrightarrow{\ h(a)=t_\star(a)\ } & v \\
\downarrow{\scriptstyle f(b)=t_\star(b)} & & \downarrow{\scriptstyle f(b)=t_\star(b)} \\
w_0 & \xrightarrow{\ h(a)\ } & w
\end{array}
$$

эквивалентна диаграмме

$$
\begin{array}{ccc}
v_0 & \xrightarrow{\ h(a)=t_\star(a)\ } & v \\
\uparrow{\scriptstyle f^{-1}(b)=t_\star(b^{-1})} & & \downarrow{\scriptstyle f(b)=t_\star(b)} \\
w_0 & \xrightarrow{\ h(a)\ } & w
\end{array}
$$

и мы имеем $w = bv = bav_0 = bab^{-1}w_0$. Следовательно

$$h(a)w_0 = (bab^{-1})w_0$$

Мы видим, что представление h зависит от его аргумента.   □

ТЕОРЕМА 3.3.14. *Пусть f и h - парные преставления группы G. Для любого $a \in G$ отображение $h(a)$ является автоморфизмом представления f.*

ДОКАЗАТЕЛЬСТВО. Следствие теорем 3.3.11 и 3.3.12.   □

Глава 4

Векторное пространство над телом

4.1. Векторное пространство

Чтобы определить левостороннее представление

$$f : D \longrightarrow^* M \quad f(d) : v \to d\,v$$

кольца D в Ω-алгебре M, мы должны определить структуру кольца на множестве $^*M$. [4.1]

ТЕОРЕМА 4.1.1. *Левостороннее представление f кольца D в Ω-алгебре M определенно тогда и только тогда, когда определены левосторонние представления мультипликативной и аддитивной групп кольца D и эти представления удовлетворяют соотношению*

$$f(a(b+c)) = f(a)f(b) + f(a)f(c)$$

ДОКАЗАТЕЛЬСТВО. Теорема следует из определения 3.1.2. $\qquad\square$

ОПРЕДЕЛЕНИЕ 4.1.2. Абелева группа M является $D*$-**модулем**, если определено $D*$-представление

$$f : D \longrightarrow^* M \quad f(d) : v \to d\,v$$

$\square$

Согласно нашим обозначениям $D*$-модуль - это **левый модуль над кольцом** D и $*D$-**модуль** - это **правый модуль над кольцом** D.

Поле является частным случаем кольца. Поэтому векторное пространство над полем имеет больше свойств чем модуль над кольцом. Очень трудно, если вообще возможно, распространить определения, работающие в векторном пространстве, на модуль над произвольным кольцом. Определение базиса и размерности векторного пространства тесно

[4.1] Можно ли определить операцию сложения на множестве $^*M$, если эта операция не определена на множестве M. Ответ на этот вопрос положительный.

Допустим $M = B \cup C$ и $F : B \to C$ - взаимно однозначное отображение. Мы определим множество $^*M$ левосторонних преобразований множества M согласно следующему правилу. Пусть $V \subseteq B$. левостороннее преобразование F_V имеет вид

$$F_V x = \begin{cases} x & x \in B \backslash V \\ Fx & x \in V \\ x & x \in C \backslash F(V) \\ F^{-1}x & x \in F(V) \end{cases}$$

Мы определим сложение левосторонних преобразований по правилу

$$F_V + F_W = F_{V \triangle W}$$
$$V \triangle W = (V \cup W) \backslash (V \cap W)$$

Очевидно, что

$$F_\emptyset + F_V = F_V$$
$$F_V + F_V = F_\emptyset$$

Следовательно, отображение $F_\emptyset$ является нулём относительно сложения, а множество $^*M$ является абелевой группой.

связаны с возможностью найти решение линейного уравнения в кольце. Свойства линейного уравнения в теле близки к свойствам линейного уравнения в поле. Поэтому мы надеемся что свойства векторного пространства над телом близки к свойствам векторного пространства над полем.

Теорема 4.1.3. *Левостороннее представление тела D* **эффективно**, *если эффективно левостороннее представление мультипликативной группы тела D.*

Доказательство. Пусть

$$f : D \longrightarrow M \quad f(d) : v \to d\,v$$

левостороннее представление тела D. Если элементы a, b мультипликативной группы порождают одно и то же левостороннее преобразование, то

(4.1.1) $$f(a)m = f(b)m$$

для любого $m \in M$. Выполняя преобразование $f(a^{-1})$ над обеими частями равенства (4.1.1), мы получим

$$m = f(a^{-1})(f(b)m) = f(a^{-1}b)m$$

$\square$

Согласно замечанию 3.1.7, если представление тела эффективно, мы отождествляем элемент тела и соответствующее ему левостороннее преобразование.

Определение 4.1.4. Пусть D является телом. Абелева группа V является $D*$-**векторным пространством**, если определено эффективное $D*$-представление

(4.1.2) $$f : D \longrightarrow M \quad f(d) : v \to d\,v$$

Абелева группа V является $*D$-**векторным пространством**, если определено эффективное $*D$-представление

(4.1.3) $$f : D \longrightarrow M \quad f(d) : v \to v\,d$$

$\square$

$D*$-векторное пространство называется также **левым D-векторным пространством** или левым векторным пространством над телом D. $*D$-векторное пространство называется также **правым D-векторным пространством** или правым векторным пространством над телом D.

Теорема 4.1.5. *Элементы $D*$-векторного пространства V удовлетворяют соотношениям*

- **закону ассоциативности**

(4.1.4) $$(ab)m = a(bm)$$

- **закону дистрибутивности**

(4.1.5) $$a(m + n) = am + an$$
(4.1.6) $$(a + b)m = am + bm$$

- **закону унитарности**

(4.1.7) $$1m = m$$

для любых $a, b \in D$, $m, n \in V$.

Доказательство. Равенство (4.1.5) следует из утверждения, что левостороннее преобразование a является эндоморфизмом абелевой группы. Равенство (4.1.6) следует из утверждения, что представление (4.1.2) является гомоморфизмом аддитивной группы тела D. Равенства (4.1.4) и (4.1.7) следуют из утверждения, что представление (4.1.2) является левосторонним представлением мультипликативной группы тела D. □

Согласно нашим обозначениям $D*$-векторное пространство - это **левое D-векторное пространство**. Отображение

$$(d, v) \in D \times V \to dv \in V$$

порождённое $D*$-представлением (4.1.2), называется **левосторонним произведением вектора на скаляр**.

Согласно нашим обозначениям $*D$-векторное пространство - это **правое D-векторное пространство**. Отображение

$$(v, d) \in D \times V \to vd \in V$$

порождённое $*D$-представлением (4.1.3), называется **правосторонним произведением вектора на скаляр**.

Любое утверждение, справедливое для левого D-векторного пространства, справедливо для правого D-векторного пространства, если левостороннее произведение вектора на скаляр заменить правосторонним произведением вектора на скаляр.

Определение 4.1.6. Пусть V - $D*$-векторное пространство над телом D. Множество векторов N - **подпространство $D*$-векторного пространства** V, если

$$a + b \in N$$

$$ka \in N$$

$$a, b \in N \quad k \in D$$

□

Пример 4.1.7. Определим на множестве D^m_n $m \times n$ матриц над телом D операцию сложения

$$a + b = \left(a^j_i \right) + \left(b^j_i \right) = \left(a^j_i + b^j_i \right)$$

и умножения на скаляр

$$da = d \left(a^j_i \right) = \left(da^j_i \right)$$

$a = 0$ тогда и только тогда, когда $a^j_i = 0$ для любых i, j. Непосредственная проверка показывает, что D^m_n является $D*$-векторным пространством, если произведение действует слева. В противном случае D^m_n - $*D$-векторное пространство. Мы будем называть векторное пространство D^m_n $D*$-**векторным пространством матриц**. □

4.2. Тип векторного пространства

Произведение вектора на скаляр асимметрично, так как произведение определено для объектов разных множеств. Однако различие между $D*$-и $*D$-векторным пространством появляется только тогда, когда мы переходим к координатному представлению. Говоря, векторное пространство является $D*$- или $*D$-, мы указываем, с какой стороны, слева или справа, мы умножаем координаты вектора на элементы тела.

Определение 4.2.1. Допустим u, v - векторы $D*$-векторного пространства V. Мы будем говорить, что вектор w является **линейной комбинацией векторов** u и v, если мы можем записать

$$w = au + bv$$

где a и b - скаляры. $\square$

Мы можем распространить понятие линейной комбинации на любое конечное семейство векторов. Пользуясь обобщённым индексом для нумерации векторов, мы можем представить семейство векторов в виде одномерной матрицы. Мы пользуемся соглашением, что в заданном векторном пространстве мы представляем любое семейство векторов либо в виде $_*$-строки (матрицы строки), либо $*$-строки (матрицы столбца). Это представление определяет характер записи линейной комбинации. Рассматривая это представление в $D*$-или $*D$-векторном пространстве, мы получаем четыре разных модели векторного пространства, рассмотренные в примерах 4.2.2, 4.2.3, 4.2.4, 4.2.5.

Чтобы иметь возможность, не меняя записи указать, является векторное пространство $D*$- или $*D$-векторным пространством, мы вводим новое обозначение. Символ $D*$ называется **типом векторного пространства** и означает, что мы изучаем $D*$-векторное пространство. Операция умножения в типе векторного пространства указывает на матричную операцию, используемую в линейной комбинации.

ПРИМЕР 4.2.2. Представим множество векторов $^i a$, $i \in I$, $D*$-векторного пространства V в виде $*$-строки (матрицы столбца)

$$a = \begin{pmatrix} ^1 a \\ ... \\ ^n a \end{pmatrix}$$

и множество скаляров c_i, $i \in I$, в виде $_*$-строки (матрицы строки)

$$c = \begin{pmatrix} c_1 & ... & c_n \end{pmatrix}$$

Тогда мы можем записать линейную комбинацию векторов $^i a$ в виде

$$c_i \, ^i a = c_* {}^* a$$

Соответствующая реализация $D*$-векторного пространства называется $D_*{}^*$**-векторным пространством** или **левым D-векторным пространством строк**. $\square$

ПРИМЕР 4.2.3. Представим множество векторов $_i a$, $i \in I$, $D*$-векторного пространства V в виде subs строки (матрицы строки)

$$a = \begin{pmatrix} _1 a & ... & _n a \end{pmatrix}$$

и множество скаляров c^i, $i \in I$, в виде $*$-строки (матрицы столбца)

$$c = \begin{pmatrix} c^1 \\ ... \\ c^n \end{pmatrix}$$

Тогда мы можем записать линейную комбинацию векторов $_i a$ в виде

$$c^i \, _i a = c^* {}_* a$$

Соответствующая реализация $D*$-векторного пространства называется $D^*{}_*$**-векторным пространством** или **левым D-векторным пространством столбцов**. $\square$

Пример 4.2.4. Представим множество векторов a^i, $i \in I$, $*D$-векторного пространства V в виде *-строки (матрицы столбца)

$$a = \begin{pmatrix} a^1 \\ \dots \\ a^n \end{pmatrix}$$

и множество скаляров $_ic$, $i \in I$, в виде $_*$-строки (матрицы строки)

$$c = \begin{pmatrix} _1c & \dots & _nc \end{pmatrix}$$

Тогда мы можем записать линейную комбинацию векторов a^i в виде

$$a^i {}_ic = a^*{}_*c$$

Соответствующая реализация $*D$-векторного пространства называется $^*_*D$-**векторным пространством** или **правым D-векторным пространством строк**. □

Пример 4.2.5. Представим множество векторов a_i, $i \in I$, $*D$-векторного пространства V в виде $_*$-строки (матрицы строки)

$$a = \begin{pmatrix} a_1 & \dots & a_n \end{pmatrix}$$

и множество скаляров ^ic, $i \in I$, в виде *-строки (матрицы столбца)

$$c = \begin{pmatrix} {}^1c \\ \dots \\ {}^nc \end{pmatrix}$$

Тогда мы можем записать линейную комбинацию векторов a_i в виде

$$a_i {}^ic = a_*{}^*c$$

Соответствующая реализация $*D$-векторного пространства называется $_*{}^*D$-**векторным пространством** или **правым D-векторным пространством столбцов**. □

Замечание 4.2.6. Мы распространим на векторное пространство и его тип соглашение, описанное в замечании 2.2.15. Например, в выражении

$$A_*{}^*B_*{}^*v\lambda$$

мы выполняем операцию умножения слева направо. Это соответствует $_*{}^*D$-векторному пространству. Однако мы можем выполнять операцию умножения справа налево. В традиционной записи это выражение примет вид

$$\lambda v^*{}_*B^*{}_*A$$

и будет соответствовать $D^*{}_*$-векторному пространству. Аналогично, читая выражение снизу вверх мы получим выражение

$$A^*{}_*B^*{}_*v\lambda$$

соответствующего $^*_*D$-векторному пространству. □

4.3. Базис $_*^*D$-векторного пространства

Определение 4.3.1. Векторы a_i, $i \in I$, $_*^*D$-векторного пространства V **линейно независимы**, если $c = 0$ следует из уравнения

$$a_*{}^*c = 0$$

В противном случае, векторы a_i **линейно зависимы**. □

Определение 4.3.2. Множество векторов $\overline{\overline{e}} = (e_i, i \in I)$ - **базис $_*^*D$-векторного пространства**, если векторы e_i линейно независимы и добавление любого вектора к этой системе делает эту систему линейно зависимой. □

Теорема 4.3.3. *Если $\overline{\overline{e}}$ - базис $_*^*D$-векторного пространства V, то любой вектор $\overline{v} \in V$ имеет одно и только одно разложение*

$$(4.3.1) \qquad \overline{v} = e_*{}^*v$$

относительно этого базиса.

Доказательство. Так как система векторов e_i является максимальным множеством линейно независимых векторов, система векторов $\overline{v}$, e_i - линейно зависима и в уравнении

$$(4.3.2) \qquad \overline{v}b + e_*{}^*c = 0$$

по крайней мере b отлично от 0. Тогда равенство

$$(4.3.3) \qquad \overline{v} = e_*{}^*(-cb^{-1})$$

следует из (4.3.2). (4.3.1) следует из (4.3.3).

Допустим мы имеем другое разложение

$$(4.3.4) \qquad \overline{v} = e_*{}^*v'$$

Вычтя (4.3.1) из (4.3.4), мы получим

$$0 = e_*{}^*(v' - v)$$

Так как векторы e_i линейно независимы, мы имеем

$$v' - v = 0$$

□

Определение 4.3.4. Мы будем называть матрицу v разложения (4.3.1) **координатной матрицей вектора** $\overline{v}$ в базисе $\overline{\overline{e}}$ и её элементы **координатами вектора** $\overline{v}$ относительно базиса $\overline{\overline{e}}$. □

Теорема 4.3.5. *Множество координат a вектора $\overline{a}$ в базисе $\overline{\overline{e}}$ $_*^*D$-векторного пространства порождают $_*^*D$-векторное пространство D^n, изоморфное $_*^*D$-векторному пространству V. Это $_*^*D$-векторное пространство называется **координатным $_*^*D$-векторным пространством**, а изоморфизм **координатным изоморфизмом**.*

Доказательство. Допустим векторы $\overline{a}$ и $\overline{b} \in V$ имеют разложение

$$\overline{a} = e_*{}^*a$$
$$\overline{b} = e_*{}^*b$$

в базисе $\overline{\overline{e}}$. Тогда

$$\overline{a} + \overline{b} = e_*{}^*a + e_*{}^*b = e_*{}^*(a + b)$$
$$\overline{a}m = (e_*{}^*a)m = e_*{}^*(am)$$

для любого $m \in D$. Таким образом, операции в векторном пространстве определены по координатно

$$^i(a + b) = {}^ia + {}^ib$$

$$^i(am) = {}^iam$$

Это доказывает теорему. □

Пример 4.3.6. Пусть $\overline{\overline{e}} = ({}^je, j \in J, |J| = n)$ - **базис $D_*{}^*$-векторного пространства** V. Согласно примеру 4.2.2, мы можем представить базис $\overline{\overline{e}}$ в виде *-строки (матрицы столбца)

$$\overline{\overline{e}} = \begin{pmatrix} {}^1e \\ ... \\ {}^ne \end{pmatrix}$$

Координатная матрица

$$a = \begin{pmatrix} a_1 & ... & a_n \end{pmatrix} = (a_j, j \in J)$$

вектора $\overline{a}$ в базисе $\overline{\overline{e}}$ называется **$D_*{}^*$-вектором**[4.2] или **$D*$-вектор строкой**.

Пусть *-строка

$$(4.3.5) \qquad \overline{A} = \begin{pmatrix} {}^1\overline{A} \\ ... \\ {}^m\overline{A} \end{pmatrix} = ({}^i\overline{A}, i \in I)$$

задаёт множество векторов. Векторы ${}^i\overline{A}$ имеют разложение

$$^i\overline{A} = {}^iA_*{}^*e$$

Если мы подставим координатные матрицы вектора ${}^i\overline{A}$ в матрицу (4.3.5), мы получим матрицу

$$A = \begin{pmatrix} \begin{pmatrix} {}^1A_1 & ... & {}^1A_n \end{pmatrix} \\ ... \\ \begin{pmatrix} {}^mA_1 & ... & {}^mA_n \end{pmatrix} \end{pmatrix} = \begin{pmatrix} {}^1A_1 & ... & {}^1A_n \\ ... & ... & ... \\ {}^mA_1 & ... & {}^mA_n \end{pmatrix} = ({}^iA_j)$$

Мы будем называть матрицу A **координатной матрицей множества векторов** $({}^i\overline{A}, i \in I)$ в базисе $\overline{\overline{e}}$ и её элементы **координатами множества векторов** $({}^i\overline{A}, i \in I)$ в базисе $\overline{\overline{e}}$.

Пусть *-строка

$$\overline{\overline{f}} = \begin{pmatrix} {}^1f \\ ... \\ {}^nf \end{pmatrix} = ({}^if, i \in J)$$

является базисом $D_*{}^*$-векторного пространства V. Мы будем говорить, что координатная матрица f множества векторов $({}^if, i \in J)$ определяет **координаты** ${}^if_j$ **базиса** $\overline{\overline{f}}$ относительно базиса $\overline{\overline{e}}$. □

Пример 4.3.7. Пусть $\overline{\overline{e}} = ({}_je, j \in J, |J| = n)$ - **базис $D^*{}_*$-векторного пространства** V. Согласно примеру 4.2.3, мы можем представить базис $\overline{\overline{e}}$ в виде $_*$-строки (матрицы строки)

$$\overline{\overline{e}} = \begin{pmatrix} {}_1e & ... & {}_ne \end{pmatrix}$$

[4.2]$D_*{}^*$-вектор является аналогом вектор-строки.

Координатная матрица

$$a = \begin{pmatrix} a^1 \\ ... \\ a^n \end{pmatrix} = (a_j, j \in J)$$

вектора $\overline{a}$ в базисе $\overline{\overline{e}}$ называется $D_*{}^*$-**вектором**[4.3] или $D*$-**вектор столбцом**.

Пусть $_*$-строка

(4.3.6) $$\overline{A} = \begin{pmatrix} _1\overline{A} & ... & _m\overline{A} \end{pmatrix} = (^i\overline{A}, i \in I)$$

задаёт множество векторов. Векторы $^i\overline{A}$ имеют разложение

$$_i\overline{A} = {_iA^*}_*e$$

Если мы подставим координатные матрицы вектора $_i\overline{A}$ в матрицу (4.3.6), мы получим матрицу

$$A = \left(\begin{pmatrix} _1A^1 \\ ... \\ _1A^n \end{pmatrix} \quad ... \quad \begin{pmatrix} _mA^1 \\ ... \\ _mA^n \end{pmatrix} \right) = \begin{pmatrix} _1A^1 & ... & _1A^n \\ ... & ... & ... \\ _mA^1 & ... & _mA^n \end{pmatrix} = (_iA^j)$$

Мы будем называть матрицу A **координатной матрицей множества векторов** $(_i\overline{A}, i \in I)$ в базисе $\overline{\overline{e}}$ и её элементы **координатами множества векторов** $(_i\overline{A}, i \in I)$ в базисе $\overline{\overline{e}}$.

Пусть $_*$-строка

$$\overline{\overline{f}} = \begin{pmatrix} _1f & ... & _nf \end{pmatrix} = (_if, i \in J)$$

является базисом $D^*{}_*$-векторного пространства V. Мы будем говорить, что координатная матрица f множества векторов $(_if, i \in J)$ определяет **координаты** $_if^j$ **базиса** $\overline{\overline{f}}$ относительно базиса $\overline{\overline{e}}$. $\qquad\square$

Пример 4.3.8. Пусть $\overline{\overline{e}} = (e^i, i \in I, |I| = n)$ - **базис** $^*{}_*D$-**векторного пространства** V. Согласно примеру 4.2.4, мы можем представить базис $\overline{\overline{e}}$ в виде $*$-строки (матрицы столбца)

$$\overline{\overline{e}} = \begin{pmatrix} e^1 \\ ... \\ e^n \end{pmatrix}$$

Координатная матрица

$$a = \begin{pmatrix} _1a & ... & _na \end{pmatrix} = (_ia, i \in I)$$

вектора $\overline{a}$ в базисе $\overline{\overline{e}}$ называется $^*{}_*D$-**вектором**[4.4] или $*D$-**вектор строкой**.

Пусть $*$-строка

(4.3.7) $$\overline{A} = \begin{pmatrix} \overline{A}^1 \\ ... \\ \overline{A}^m \end{pmatrix} = (\overline{A}_j, j \in J)$$

задаёт множество векторов. Векторы $\overline{A}_j$ имеют разложение

$$\overline{A}^j = e^*{}_*A^j$$

[4.3] $D_*{}^*$-вектор является аналогом вектор-строки.

[4.4] $^*{}_*D$-вектор является аналогом вектор-столбца.

Если мы подставим координатные матрицы вектора $\overline{A}_j$ в матрицу (4.3.7), мы получим матрицу

$$A = \begin{pmatrix} \begin{pmatrix} _1A^1 & ... & _nA^1 \end{pmatrix} \\ ... \\ \begin{pmatrix} _1A^m & ... & _nA^m \end{pmatrix} \end{pmatrix} = \begin{pmatrix} _1A^1 & ... & _nA^1 \\ ... & ... & ... \\ _1A^m & ... & _nA^m \end{pmatrix} = ({}^iA_j)$$

Мы будем называть матрицу A **координатной матрицей множества векторов** $(\overline{A}_j, j \in J)$ в базисе $\overline{\overline{e}}$ и её элементы **координатами множества векторов** $(\overline{A}_j, j \in J)$ в базисе $\overline{\overline{e}}$.

Пусть $*$-строка

$$\overline{\overline{f}} = \begin{pmatrix} f^1 \\ ... \\ f^n \end{pmatrix} = (f^j, j \in I)$$

является базисом $^*{}_*D$-векторного пространства V. Мы будем говорить, что координатная матрица f множества векторов $(f^j, j \in I)$ определяет **координаты** $_if^j$ **базиса** $\overline{\overline{f}}$ относительно базиса $\overline{\overline{e}}$. $\square$

Пример 4.3.9. Пусть $\overline{\overline{e}} = (e_i, i \in I, |I| = n)$ - **базис** $_*{}^*D$-**векторного пространства** V. Согласно примеру 4.2.5, мы можем представить базис $\overline{\overline{e}}$ в виде $_*$-строки (матрицы строки)

$$\overline{\overline{e}} = \begin{pmatrix} e_1 & ... & e_n \end{pmatrix}$$

Координатная матрица

$$a = \begin{pmatrix} {}^1a \\ ... \\ {}^na \end{pmatrix} = ({}^ia, i \in I)$$

вектора $\overline{a}$ в базисе $\overline{\overline{e}}$ называется $_*{}^*D$-**вектором**[4.5] или $D*$-**вектор столбцом**.

Пусть $_*$-строка

(4.3.8) $$\overline{A} = \begin{pmatrix} \overline{A}_1 & ... & \overline{A}_m \end{pmatrix} = (\overline{A}_j, j \in J)$$

задаёт множество векторов. Векторы $\overline{A}_j$ имеют разложение

$$\overline{A}_j = e_*{}^*A_j$$

Если мы подставим координатные матрицы вектора $\overline{A}_j$ в матрицу (4.3.8), мы получим матрицу

$$A = \begin{pmatrix} \begin{pmatrix} {}^1A_1 \\ ... \\ {}^nA_1 \end{pmatrix} & ... & \begin{pmatrix} {}^1A_m \\ ... \\ {}^nA_m \end{pmatrix} \end{pmatrix} = \begin{pmatrix} {}^1A_1 & ... & {}^1A_m \\ ... & ... & ... \\ {}^nA_1 & ... & {}^nA_m \end{pmatrix} = ({}^iA_j)$$

Мы будем называть матрицу A **координатной матрицей множества векторов** $(\overline{A}_j, j \in J)$ в базисе $\overline{\overline{e}}$ и её элементы **координатами множества векторов** $(\overline{A}_j, j \in J)$ в базисе $\overline{\overline{e}}$.

Пусть $_*$-строка

$$\overline{\overline{f}} = \begin{pmatrix} f_1 & ... & f_n \end{pmatrix} = (f_j, j \in I)$$

[4.5]$_*{}^*D$-вектор является аналогом вектор-столбца.

является базисом $_*^*D$-векторного пространства V. Мы будем говорить, что координатная матрица f множества векторов $(f_j, j \in I)$ определяет **координаты** $^i f_j$ **базиса** $\overline{\overline{f}}$ относительно базиса $\overline{\overline{e}}$. $\qquad\qquad\qquad\qquad\qquad\qquad\qquad\qquad\qquad\square$

Так как мы линейную комбинацию выражаем с помощью матриц, мы можем распространить принцип двойственности на теорию векторных пространств. Мы можем записать принцип двойственности в одной из следующих форм

Теорема 4.3.10 (принцип двойственности). *Пусть* $\mathfrak{A}$ *- истинное утверждение о векторных пространствах. Если мы заменим одновременно*

- D_*^**-вектор и* D^*_**-вектор*
- $_*^*D$*-вектор и* $^*_*D$*-вектор*
- $_*^*$*-произведение и* $^*_*$*-произведение*

то мы снова получим истинное утверждение.

Теорема 4.3.11 (принцип двойственности). *Пусть* $\mathfrak{A}$ *- истинное утверждение о векторных пространствах. Если мы одновременно заменим*

- D_*^**-вектор и* $_*^*D$*-вектор или* D^*_**-вектор и* $^*_*D$*-вектор*
- $_*^*$*-квазидетерминант и* $^*_*$*-квазидетерминант*

то мы снова получим истинное утверждение.

4.4. Линейное отображение $_*^*D$-векторных пространств

Определение 4.4.1. Пусть V - $_*^*S$-векторное пространство. Пусть U - $_*^*T$-векторное пространство. Мы будем называть морфизм

$$f : S \longrightarrow T \qquad A : V \longrightarrow U$$

правых представлений тела в абелевой группе **линейным отображением** $_*^*S$-векторного пространства V в $_*^*T$-векторное пространство U. $\qquad\qquad\qquad\square$

Согласно теореме [7]-2.2.15 при изучении линейного отображения мы можем ограничиться случаем $S = T$.

Определение 4.4.2. Пусть V и W - $_*^*D$-векторные пространства. Мы будем называть отображение

$$A : V \to W$$

линейным отображением $_*^*D$-векторного пространства, если[4.6]

(4.4.1) $$A(m_*^*a) = A(m)_*^*a$$

для любых $^i a \in D$, $m_i \in V$. $\qquad\qquad\qquad\qquad\qquad\qquad\qquad\qquad\qquad\square$

Теорема 4.4.3. *Пусть*

$$\overline{\overline{f}} = (f_i, i \in I)$$

базис в $_*^*D$*-векторном пространстве* V *и*

$$\overline{\overline{e}} = (e_j, j \in J)$$

базис в $_*^*D$*-векторном пространстве* U. *Тогда линейное отображение*

(4.4.2) $$A : V \to W$$

$_*^*D$*-векторных пространств имеет представление*

(4.4.3) $$b = A_*^*a$$

относительно заданных базисов. Здесь

[4.6]Выражение $A(m)_*^*a$ означает выражение $A(m_i)\,^i a$

- a - координатная матрица вектора $\overline{a}$ относительно базиса $\overline{\overline{f}}$.
- b - координатная матрица вектора

$$\overline{b} = \overline{A}(\overline{a})$$

относительно базиса $\overline{\overline{e}}$.
- A - координатная матрица множества векторов $\left(\overline{A}(\overline{f_i})\right)$ относительно базиса $\overline{\overline{e}}$. Мы будем называть матрицу A **матрицей линейного отображения** относительно базисов $\overline{\overline{f}}$ и $\overline{\overline{e}}$.

Доказательство. Вектор $\overline{a} \in V$ имеет разложение

$$\overline{a} = f_*{}^*a$$

относительно базиса $\overline{\overline{f}}$. Вектор $\overline{b} \in U$ имеет разложение

$$(4.4.4) \qquad\qquad \overline{b} = e_*{}^*b$$

относительно базиса $\overline{\overline{e}}$.

Так как $\overline{A}$ - линейное отображение, то на основании (4.4.1) следует, что

$$(4.4.5) \qquad \overline{b} = \overline{A}(\overline{a}) = \overline{A}(f_*{}^*a) = \overline{A}(f)_*{}^*a$$

$\overline{A}(f_i)$ является вектором $_*{}^*D$-векторного пространства U и имеет разложение

$$(4.4.6) \qquad \overline{A}(\overline{f_i}) = \overline{e}_*{}^*A_i = \overline{e}_j{}^jA_i$$

относительно базиса $\overline{\overline{e}}$. Комбинируя (4.4.5) и (4.4.6), мы получаем

$$(4.4.7) \qquad\qquad \overline{b} = e_*{}^*A_*{}^*a$$

(4.4.3) следует из сравнения (4.4.4) и (4.4.7) и теоремы 4.3.3. $\qquad\square$

На основании теоремы 4.4.3 мы идентифицируем линейное отображение (4.4.2) $_*{}^*D$-векторных пространств и матрицу его представления (4.4.3).

Теорема 4.4.4. *Пусть*

$$\overline{\overline{f}} = (f_i, i \in I)$$

базис в $_*{}^*D$-*векторном пространстве* V,

$$\overline{\overline{e}} = (e_j, j \in J)$$

базис в $_*{}^*D$-*векторном пространстве* U, *и*

$$\overline{\overline{g}} = (g_l, l \in L)$$

базис в $_*{}^*D$-*векторном пространстве* W. *Предположим, что мы имеем коммутативную диаграмму отображений*

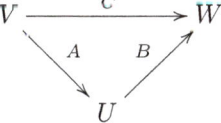

где линейное отображение A *имеет представление*

$$(4.4.8) \qquad\qquad b = A_*{}^*a$$

относительно заданных базисов и линейное отображение B *имеет представление*

$$(4.4.9) \qquad\qquad c = B_*{}^*b$$

относительно заданных базисов. Тогда отображение C *является линейным и имеет представление*

$$(4.4.10) \qquad\qquad c = B_*{}^*A_*{}^*a$$

относительно заданных базисов.

Доказательство. Отображение C является линейным, так как

$$C_*{}^*(f_*{}^*a) = (A_*{}^*B)_*{}^*(f_*{}^*a) = B_*{}^*(A_*{}^*(f_*{}^*a))$$
$$= B_*{}^*(e_*{}^*(A_*{}^*a)) = g_*{}^*(B_*{}^*(A_*{}^*a))$$
$$= g_*{}^*((B_*{}^*A)_*{}^*a) = g_*{}^*(C_*{}^*a)$$

Равенство (4.4.10) следует из подстановки (4.4.8) в (4.4.9).   □

Записывая линейное отображение в форме $_*{}^*$-произведения, мы можем переписать (4.4.1) в виде

$$(4.4.11) \qquad \overline{A}_*{}^*(\overline{a}k) = (\overline{A}_*{}^*\overline{a})k$$

Утверждение теоремы 4.4.4 мы можем записать в виде

$$(4.4.12) \qquad \overline{B}_*{}^*(\overline{A}_*{}^*\overline{a}) = (\overline{B}_*{}^*\overline{A})_*{}^*\overline{a}$$

Равенства (4.4.11) и (4.4.12) представляют собой **закон ассоциативности для линейных отображений** $_*{}^*D$**-векторных пространств**. Это позволяет нам писать подобные выражения не пользуясь скобками.

Равенство (4.4.3) является координатной записью линейного отображения. На основе теоремы 4.4.3 бескоординатная запись также может быть представлена с помощью $_*{}^*$-произведения

$$(4.4.13) \qquad \overline{b} = \overline{A}_*{}^*\overline{a} = \overline{A}_*{}^*\overline{f}_*{}^*a = \overline{e}_*{}^*A_*{}^*a$$

Если подставить равенство (4.4.13) в теорему 4.4.4, то мы получим цепочку равенств

$$\overline{c} = \overline{B}_*{}^*\overline{b} = \overline{B}_*{}^*\overline{e}_*{}^*b = \overline{g}_*{}^*B_*{}^*b$$
$$\overline{c} = \overline{B}_*{}^*\overline{A}_*{}^*\overline{a} = \overline{B}_*{}^*\overline{A}_*{}^*\overline{f}_*{}^*a = \overline{g}_*{}^*B_*{}^*A_*{}^*a$$

Замечание 4.4.5. На примере линейных отображений легко видеть насколько теорема [7]-2.2.15 облегчает наши рассуждения при изучении морфизма представлений Ω-алгебры. Договоримся в рамках этого замечания теорию линейных отображений называть сокращённой теорией, а теорию, излагаемую в этом замечании, называть расширенной теорией.

Пусть V - $_*{}^*S$-векторное пространство. Пусть U - $_*{}^*T$-векторное пространство. Пусть

$$r : S \longrightarrow T \qquad \overline{A} : V \longrightarrow U$$

линейное отображение $_*{}^*S$-векторного пространства V в $_*{}^*T$-векторное пространство U. Пусть

$$\overline{\overline{f}} = (f_i, i \in I)$$

базис в $_*{}^*S$-векторном пространстве V и

$$\overline{\overline{e}} = (e_j, j \in J)$$

базис в $_*{}^*T$-векторном пространстве U.

Из определений 4.4.1 и 3.1.8 следует

$$(4.4.14) \qquad \overline{b} = \overline{A}(\overline{a}) = \overline{A}(f_*{}^*a) = \overline{A}(f)_*{}^*r(a)$$

$\overline{A}(f_i)$ также вектор векторного пространства U и имеет разложение

$$(4.4.15) \qquad \overline{A}(\overline{f}_i) = \overline{e}_*{}^*A_i = \overline{e}_j{}^{\,j}A_i$$

относительно базиса $\overline{\overline{e}}$. Комбинируя (4.4.14) и (4.4.15), мы получаем

$$(4.4.16) \qquad \overline{b} = e_*{}^*A_*{}^*r(a)$$

Пусть W - $_*{}^*D$-векторное пространство. Пусть

$$p : T \longrightarrow D \qquad \overline{B} : U \longrightarrow W$$

линейное отображение $_*^*T$-векторного пространства U в $_*^*D$-векторное пространство W. Пусть

$$\overline{\overline{g}} = (g_l, l \in L)$$

базис в $_*^*D$-векторном пространстве W. Тогда, согласно (4.4.16), произведение линейного отображения $(r, \overline{A})$ и линейного отображения $(p, \overline{B})$ имеет вид

(4.4.17) $$\overline{c} = h_*^*B_*^*p(A)_*^*pr(a)$$

Сопоставление равенств (4.4.10) и (4.4.17) показывает насколько расширеная теория линейных отображений сложнее сокращённой теории.

При необходимости мы можем пользоваться расширеной теорией, но мы не получим новых результатов по сравнению со случаем сокращённой теории. В то же время обилие деталей делает картину менее ясной и требует постоянного внимания. □

4.5. Система линейных уравнений

Определение 4.5.1. Пусть V - $_*^*D$-векторное пространство и $\{A_i \in V, i \in I\}$ - множество векторов. **Линейная оболочка в $_*^*D$-векторном пространстве** - это множество $\mathrm{span}(A_i, i \in I)$ векторов, линейно зависимых от векторов A_i. □

Теорема 4.5.2. *Пусть $span(A_i, i \in I)$ - линейная оболочка в $_*^*D$-векторном пространстве V. Тогда $span(A_i, i \in I)$ - подпространство $_*^*D$-векторного пространства V.*

Доказательство. Предположим, что

$$\overline{b} \in \mathrm{span}(A_i, i \in I)$$
$$\overline{c} \in \mathrm{span}(A_i, i \in I)$$

Согласно определению 4.5.1

$$\overline{b} = A_*^*b$$
$$\overline{c} = A_*^*c$$

Тогда

$$\overline{b} + \overline{c} = A_*^*b + A_*^*c = A_*^*(b + c) \in \mathrm{span}(A_i, i \in I)$$
$$\overline{b}k = (A_*^*b)k = A_*^*(bk) \in \mathrm{span}(A_i, i \in I)$$

Это доказывает утверждение. □

Пример 4.5.3. Пусть V - $_*^*D$-векторное пространство и $_*$-строка

$$\overline{\overline{A}} = \begin{pmatrix} \overline{A}_1 & ... & \overline{A}_n \end{pmatrix} = (\overline{A}_i, i \in I)$$

задаёт множество векторов. Чтобы ответить на вопрос, или вектор $\overline{b} \in \mathrm{span}(A_i, i \in I)$, мы запишем линейное уравнение

(4.5.1) $$\overline{b} = \overline{A}_*^*x$$

где

$$x = \begin{pmatrix} {}^1x \\ ... \\ {}^nx \end{pmatrix}$$

*-строка неизвестных коэффициентов разложения. $\overline{b} \in \text{span}(\overline{A}_i, i \in I)$, если уравнение (4.5.1) имеет решение. Предположим, что $\overline{\overline{f}} = (f_j, j \in J)$ - базис. Тогда векторы $\overline{b}$, $\overline{A}_i$ имеют разложение

$$(4.5.2) \qquad \overline{b} = f_*{}^*b$$

$$(4.5.3) \qquad \overline{A}_i = f_*{}^*A_i$$

Если мы подставим (4.5.2) и (4.5.3) в (4.5.1), мы получим

$$(4.5.4) \qquad f_*{}^*b = f_*{}^*A_*{}^*x$$

Применяя теорему 4.3.3 к (4.5.4), мы получим **систему линейных уравнений**

$$(4.5.5) \qquad A_*{}^*x = b$$

Мы можем записать систему линейных уравнений (4.5.5) в одной из следующих форм

$$\begin{pmatrix} {}^1A_1 & \dots & {}^1A_n \\ \dots & \dots & \dots \\ {}^mA_1 & \dots & {}^mA_n \end{pmatrix} {}_*{}^* \begin{pmatrix} {}^1x \\ \dots \\ {}^nx \end{pmatrix} = \begin{pmatrix} {}^1b \\ \dots \\ {}^mb \end{pmatrix}$$

$$(4.5.6) \qquad {}^jA_i \, {}^ix = {}^jb$$

$$\begin{array}{cccc} {}^1A_1 \, {}^1x & +\dots & +{}^1A_n \, {}^nx & = {}^1b \\ \dots & \dots & \dots & \dots \\ {}^1A_m \, {}^1x & +\dots & +{}^mA_n \, {}^nx & = {}^mb \end{array}$$

$\square$

Пример 4.5.4. Пусть V - $D_*{}^*$-векторное пространство и *-строка

$$\overline{\overline{A}} = \begin{pmatrix} {}^1\overline{A} \\ \dots \\ {}^m\overline{A} \end{pmatrix} = ({}^j\overline{A}, j \in J)$$

задаёт множество векторов. Чтобы ответить на вопрос, или вектор $\overline{b} \in \text{span}({}^jA, j \in J)$, мы запишем линейное уравнение

$$(4.5.7) \qquad \overline{b} = x_*{}^*\overline{A}$$

где

$$x = \begin{pmatrix} x_1 & \dots & x_m \end{pmatrix}$$

*-строка неизвестных коэффициентов разложения. $\overline{b} \in \text{span}({}^jA, j \in J)$, если уравнение (4.5.7) имеет решение. Предположим, что $\overline{\overline{f}} = ({}^i\overline{f}, i \in I)$ - базис. Тогда векторы $\overline{b}$, ${}^jA$ имеют разложение

$$(4.5.8) \qquad \overline{b} = b_*{}^*f$$

$$(4.5.9) \qquad {}^jA = {}^jA_*{}^*f$$

Если мы подставим (4.5.8) и (4.5.9) в (4.5.7), мы получим

$$(4.5.10) \qquad b_*{}^*f = x_*{}^*A_*{}^*f$$

Применяя теорему 4.3.3 к (4.5.10), мы получим **систему линейных уравнений**[4.7]

(4.5.11) $$x_*{}^*A = b$$

Мы можем записать систему линейных уравнений (4.5.11) в одной из следующих форм

$$\begin{pmatrix} x_1 & ... & x_m \end{pmatrix} *^* \begin{pmatrix} {}^1A_1 & ... & {}^1A_n \\ ... & ... & ... \\ {}^mA_1 & ... & {}^mA_n \end{pmatrix} = \begin{pmatrix} b_1 & ... & b_n \end{pmatrix}$$

(4.5.12) $$x_j \,{}^jA_i = b_i$$

$$\begin{matrix} x_1\,{}^1A_1 & ... & x_1\,{}^1A_n \\ + & ... & + \\ ... & ... & ... \\ + & ... & + \\ x_m\,{}^mA_1 & ... & x_m\,{}^mA_n \\ = & ... & = \\ b_1 & ... & b_n \end{matrix}$$

$\square$

Чтобы найти решение системы линейных уравнений, мы должны рассмотреть матрицу этой системы. Из примеров 4.3.7, 4.3.9, мы видим, что мы можем рассматривать столбец матрицы как вектор левого или правого векторного пространства. Чтобы сделать утверждения проще, мы будем указывать тип векторного пространства перед словом линейный. Например, утверждение

Столбцы матрицы $D^*{}_*$-линейно зависимы.

означает, что

Столбцы матрицы являются векторами $D^*{}_*$-векторного пространства, и соответствующие векторы линейно зависимы.

В частности, система линейных уравнений (4.5.5) в $_*{}^*D$-векторном пространстве называется **системой $_*{}^*D$-линейных уравнений** и система линейных уравнений (4.5.11) в $D_*{}^*$-векторном пространстве называется **системой $D_*{}^*$-линейных уравнений**.

ОПРЕДЕЛЕНИЕ 4.5.5. Если $n \times n$ матрица A имеет $_*{}^*$-обратную матрицу, мы будем называть такую матрицу $_*{}^*$-**невырожденной матрицей**. В противном случае, мы будем называть такую матрицу $_*{}^*$-**вырожденной матрицей**. $\square$

ОПРЕДЕЛЕНИЕ 4.5.6. Предположим, что A - $_*{}^*$-невырожденная матрица. Мы будем называть соответствующую систему $_*{}^*D$-линейных уравнений

(4.5.13) $$A_*{}^*x = b$$

невырожденной системой $_*{}^*D$-линейных уравнений. $\square$

[4.7]Читая систему $_*{}^*D$-линейных уравнений (4.5.5) в $_*{}^*D$-векторном пространстве снизу вверх и слева направо, мы получим систему линейных уравнений (4.5.11) в $D_*{}^*$-векторном пространстве.

Теорема 4.5.7. *Решение невырожденной системы* $_*^*D$-*линейных уравнений* (4.5.13) *определено однозначно и может быть записано в любой из следующих форм*[4.8]

$$(4.5.14) \qquad\qquad x = A^{-1_*^*}{}_*^*b$$

$$(4.5.15) \qquad\qquad x = \mathcal{H}\det({}_*^*)A_*{}^*b$$

Доказательство. Умножая обе части равенства (4.5.13) слева на $A^{-1_*^*}$, мы получим (4.5.14). Пользуясь определением (2.3.12), мы получим (4.5.15). Решение системы единственно в силу теоремы 2.2.16. $\qquad\square$

4.6. Ранг матрицы

Определение 4.6.1. Мы будем называть матрицу[4.9] ${}^SA_T$ минорной матрицей порядка k. $\qquad\square$

Определение 4.6.2. Если минорная матрица ${}^SA_T$ - $_*^*$-невырожденная матрица, то мы будем говорить, что $_*^*$-ранг матрицы A не меньше, чем k. $_*^*$-**ранг матрицы** A

$$\operatorname{rank}_{_*^*} A$$

- это максимальное значение k. Мы будем называть соответствующую минорную матрицу $_*^*$-**главной минорной матрицей**. $\qquad\square$

Теорема 4.6.3. *Пусть матрица* A - $_*^*$-*вырожденная матрица и минорная матрица* ${}^SA_T$ - *главный минорная матрица, тогда*

$$(4.6.1) \qquad\qquad {}^p\det({}_*^*){}_r \, {}^{S\cup\{p\}}A_{T\cup\{r\}} = 0$$

Доказательство. Чтобы понять, почему минорная матрица

$$(4.6.2) \qquad\qquad B = {}^{S\cup\{p\}}A_{T\cup\{r\}}$$

не имеет $_*^*$-обратной матрицы,[4.10] мы предположим, что существует $_*^*$-обратная матрица $B^{-1_*^*}$. Запишем систему линейных уравнений (2.3.2), (2.3.3) полагая $I = \{r\}$, $J = \{p\}$ (в этом случае $[I] = T$, $[J] = S$)

$$(4.6.3) \qquad\qquad {}^SB_{T*}{}^{*T}B^{-1_*^*}{}_p + {}^SB_r \, {}^rB^{-1_*^*}{}_p = 0$$

$$(4.6.4) \qquad\qquad {}^pB_{T*}{}^{*T}B^{-1_*^*}{}_p + {}^pB_r \, {}^rB^{-1_*^*}{}_p = 1$$

и попробуем решить эту систему. Мы умножим (4.6.3) на $({}^SB_T)^{-1_*^*}$

$$(4.6.5) \qquad\qquad {}^TB^{-1_*^*}{}_p + ({}^SB_T)^{-1_*^*}{}_*^* {}^SB_r \, {}^rB^{-1_*^*}{}_p = 0$$

Теперь мы можем подставить (4.6.5) в (4.6.4)

$$(4.6.6) \qquad\qquad -{}^pB_{T*}{}^*({}^SB_T)^{-1_*^*}{}_*^* {}^SB_r \, {}^rB^{-1_*^*}{}_p + {}^pB_r \, {}^rB^{-1_*^*}{}_p = 1$$

Из (4.6.6) следует

$$(4.6.7) \qquad\qquad ({}^pB_r - {}^pB_{T*}{}^*({}^SB_T)^{-1_*^*}{}_*^* {}^SB_r) \, {}^rB^{-1_*^*}{}_p = 1$$

[4.8]Мы можем найти решение системы (4.5.13) в теореме [4]-1.6.1. Я повторяю это утверждение, так как я слегка изменил обозначения.

[4.9]Мы делаем следующие предположения в этом разделе

- $i \in M$, $|M| = m$, $j \in N$, $|N| = n$.
- $A = ({}^iA_j)$ - произвольная матрица.
- $k, s \in S \supseteq M$, $l, t \in T \supseteq N$, $k = |S| = |T|$.
- $p \in M \setminus S$, $r \in N \setminus T$.

[4.10]Естественно ожидать связь между $_*^*$-вырожденностью матрицы и её $_*^*$-квазидетерминантом, подобную связи, известной в коммутативном случае. Однако $_*^*$-квазидетерминант определён не всегда. Например, если $_*^*$-обратная матрица имеет слишком много элементов, равных 0. Как следует из этой теоремы, не определён $_*^*$-квазидетерминант также в случае, когда $_*^*$-ранг матрицы меньше $n - 1$.

Выражение в скобках является квазидетерминантом $^p\det(_*{}^*)_r B$. Подставляя это выражение в (4.6.7), мы получим

$$(4.6.8) \qquad ^p\det(_*{}^*)_r B \ ^r B^{-1}{}_*{}^*{}_p = 1$$

Тем самым мы доказали, что квазидетерминант $^p\det(_*{}^*)_r B$ определён и условие его обращения в 0 необходимое и достаточное условие вырожденности матрицы B. Теорема доказана в силу соглашения (4.6.2). □

ТЕОРЕМА 4.6.4. *Предположим, что A - матрица*[4.9]*,*

$$\mathrm{rank}_*{}^* A = k < m$$

и $^S A_T$ - $_*$-главная минорная матрица. Тогда $_*$-строка $^p A$ является $D_*{}^*$-линейной комбинацией $_*$-строк $^S A$.

$$(4.6.9) \qquad ^{M\setminus S} A = R_*{}^{*S} A$$
$$(4.6.10) \qquad ^p A = ^p R_*{}^{*S} A$$
$$(4.6.11) \qquad ^p A_b = ^p R_s \ ^s A_b$$

ДОКАЗАТЕЛЬСТВО. Если матрица A имеет k *-строк, то, полагая, что $_*$-строка $^p A$ - $D_*{}^*$-линейная комбинация (4.6.10) $_*$-строк $^s A$ с коэффициентами $^p R_s$, мы получим систему $D_*{}^*$-линейных уравнений (4.6.11). Согласно теореме 4.5.7 система $D_*{}^*$-линейных уравнений (4.6.11) имеет единственное решение[4.11] и это решение нетривиально потому, что все $_*{}^*$-квазидетерминанты отличны от 0.

Остаётся доказать утверждение в случае, когда число *-строк матрицы A больше чем k. Пусть нам даны $_*$-строка $^p A$ и *-строка A_r. Согласно предположению, минорная матрица $^{S\cup\{p\}} A_{T\cup\{r\}}$ - $_*{}^*$-вырожденная матрица и его $_*{}^*$-квазидетерминант

$$(4.6.12) \qquad ^p\det(_*{}^*)_r \ ^{S\cup\{p\}} A_{T\cup\{r\}} = 0$$

Согласно (2.3.14) равенство (4.6.12) имеет вид

$$^p A_r - ^p A_{T*}{}^*((^S A_T)^{-1*})_*{}^{*S} A_r = 0$$

Матрица

$$(4.6.13) \qquad ^p R = ^p A_{T*}{}^*((^S A_T)^{-1*})$$

не зависит от r. Следовательно, для любых $r \in N \setminus T$

$$(4.6.14) \qquad ^p A_r = ^p R_*{}^{*S} A_r$$

Из равенства

$$((^S A_T)^{-1*})_*{}^{*S} A_l = ^T \delta_l$$

следует, что

$$(4.6.15) \qquad ^p A_l = ^p A_{T*}{}^{*T}\delta_l = ^p A_{T*}{}^*((^S A_T)^{-1*})_*{}^{*S} A_l$$

Подставляя (4.6.13) в (4.6.15), мы получим

$$(4.6.16) \qquad ^p A_l = ^p R_*{}^{*S} A_l$$

(4.6.14) и (4.6.16) завершают доказательство. □

СЛЕДСТВИЕ 4.6.5. *Предположим, что A - матрица, $\mathrm{rank}_*{}^* A = k < m$. Тогда $_*$-строки матрицы $D_*{}^*$-линейно зависимы.*

$$\lambda_*{}^* A = 0$$

ДОКАЗАТЕЛЬСТВО. Предположим, что $_*$-строка $^p A$ - $D_*{}^*$-линейная комбинация (4.6.10). Мы положим $\lambda_p = -1$, $\lambda_s = ^p R_s$ и остальные $\lambda_c = 0$. □

[4.11]Мы положим, что неизвестные переменные здесь - это $x_s = ^p R_s$

ТЕОРЕМА 4.6.6. *Пусть* $({}^i\overline{A}, i \in M, |M| = m)$ *семейство* $D_*{}^*$-*линейно независимых векторов. Тогда* $_*{}^*$-*ранг их координатной матрицы равен* m.

ДОКАЗАТЕЛЬСТВО. Пусть $\overline{\overline{e}}$ - базис $D_*{}^*$-векторного пространства. Согласно конструкции, изложенной в примере 4.3.6, координатная матрица семейства векторов $({}^i\overline{A})$ относительно базиса $\overline{\overline{e}}$ состоит из $_*$-строк, являющихся координатными матрицами векторов ${}^i\overline{A}$ относительно базиса $\overline{\overline{e}}$. Поэтому $_*{}^*$-ранг этой матрицы не может превышать m.

Допустим $_*{}^*$-ранг координатной матрицы меньше m. Согласно следствию 4.6.5, $_*$-строки матрицы $D_*{}^*$-линейно зависимы

(4.6.17) $$\lambda_*{}^* A = 0$$

Положим $c = \lambda_*{}^* A$. Из равенства (4.6.17) следует, что $D_*{}^*$-линейная комбинация

$$c_*{}^* \overline{e} = 0$$

векторов базиса равна 0. Это противоречит утверждению, что векторы $\overline{e}$ образуют базис. Утверждение теоремы доказано. $\square$

ТЕОРЕМА 4.6.7. *Предположим, что* A - *матрица*[4.9],

$$\operatorname{rank}_{_*}{}_* A = k < n$$

и ${}^S A_T$ - $_*{}^*$-*главная минорная матрица. Тогда* *-*строка* A_r *является* $_*{}^* D$-*линейной композицией* *-*строк* A_t

(4.6.18) $$A_{N \setminus T} = A_{T *}{}^* R$$

(4.6.19) $$A_r = A_{T *}{}^* R_r$$

(4.6.20) $${}^a A_r = {}^a A_t \, {}^t R_r$$

ДОКАЗАТЕЛЬСТВО. Если матрица A имеет k $_*$-строк, то, полагая, что *-строка A_r - $_*{}^* D$-линейная комбинация (4.6.19) *-строк A_t с коэффициентами ${}^t R_r$, мы получим систему $_*{}^* D$-линейных уравнений (4.6.20). Согласно теореме 4.5.7 система $_*{}^* D$-линейных уравнений (4.6.20) имеет единственное решение[4.12] и это решение нетривиально потому, что все $_*{}^*$-квазидетерминанты отличны от 0.

Остаётся доказать утверждение в случае, когда число $_*$-строк матрицы A больше чем k. Пусть нам даны *-строка A_r и $_*$-строка ${}^p A$. Согласно предположению, минорная матрица ${}^{S \cup \{p\}} A_{T \cup \{r\}}$ - $_*{}^*$-вырожденная матрица и его $_*{}^*$-квазидетерминант

(4.6.21) $${}^p \det(_*{}^*)_r \, {}^{S \cup \{p\}} A_{T \cup \{r\}} = 0$$

Согласно (2.3.14) (4.6.21) имеет вид

$${}^p A_r - {}^p A_{T *}{}^* (({}^S A_T)^{-1*}{}^*)_*{}^* {}^S A_r = 0$$

Матрица

(4.6.22) $$R_r = (({}^S A_T)^{-1*}{}^*)_*{}^* {}^S A_r$$

не зависит от p, Следовательно, для любых $p \in M \setminus S$

(4.6.23) $${}^p A_r = {}^p A_{T *}{}^* R_r$$

Из равенства

$${}^k A_{T *}{}^* (({}^S A_T)^{-1*}{}^*)_s = {}^k \delta_s$$

следует, что

(4.6.24) $${}^k A_r = {}^k \delta_{S *}{}^* {}^S A_r = {}^k A_{T *}{}^* (({}^S A_T)^{-1*}{}^*)^s {}_*{}^* {}^S A_r$$

[4.12]Мы положим, что неизвестные переменные здесь - это ${}^t x = {}^t R_r$

Подставляя (4.6.22) в (4.6.24), мы получим

(4.6.25)
$$^kA_r = {}^kA_{T*}{}^*R_r$$

(4.6.23) и (4.6.25) завершают доказательство. □

СЛЕДСТВИЕ 4.6.8. *Предположим, что A - матрица,* $\operatorname{rank}_*{}^* A = k < m$. *Тогда* **-строки матрицы* $_*{}^*D$*-линейно зависимы.*
$$A_*{}^*\lambda = 0$$

ДОКАЗАТЕЛЬСТВО. Предположим, что *-строка A_r является правой линейной комбинацией (4.6.19). Мы положим $^r\lambda = -1$, $^t\lambda_= {}^tR_r$ и остальные $^c\lambda = 0$. □

Опираясь на теорему 2.3.9, мы можем записать подобные утверждения для $^*_*$-ранга матрицы.

ТЕОРЕМА 4.6.9. *Предположим, что A - матрица,*

$$\operatorname{rank}_*{}_* A = k < m$$

и $_TA^S$ - $^*_*$*-главная минорная матрица. Тогда* $_*$*-строка A^p является* $^*_*D$*-линейной композицией* $_*$*-строк A^s*

(4.6.26)
$$A^{M\backslash S} = A^{S*}{}_*R$$

(4.6.27)
$$A^p = A^{S*}{}_*R^p$$

(4.6.28)
$$_bA^p = {}_bA^s{}_sR^p$$

СЛЕДСТВИЕ 4.6.10. *Предположим, что A - матрица,* $\operatorname{rank}_*{}_* A = k < m$. *Тогда* $_*$*-строки матрицы* $^*_*D$*-линейно зависимы.*
$$A^*{}_*\lambda = 0$$

ТЕОРЕМА 4.6.11. *Предположим, что A - матрица,*

$$\operatorname{rank}_*{}_* A = k < n$$

и $_TA^S$ - $^*_*$*-главная минорная матрица. Тогда* **-строка $_rA$ является* $D^*{}_*$*-линейной композицией* **-строк $_tA$*

(4.6.29)
$$_{N\backslash T}A = R^*{}_{*T}A$$

(4.6.30)
$$_rA = {}_rR^*{}_{*T}A$$

(4.6.31)
$$_rA^a = {}_rR^t{}_tA^a$$

СЛЕДСТВИЕ 4.6.12. *Предположим, что A - матрица,* $\operatorname{rank}_*{}_* a = k < m$. *Тогда* **-строки матрицы $D^*{}_*$-линейно зависимы.*
$$\lambda^*{}_*A = 0$$

4.7. Система $_*{}^*D$-линейных уравнений

ОПРЕДЕЛЕНИЕ 4.7.1. Предположим, что[4.9] A - матрица системы $D_*{}^*$-линейных уравнений (4.5.12). Мы будем называть матрицу

(4.7.1)
$$\begin{pmatrix} {}^jA_i \\ b_i \end{pmatrix} = \begin{pmatrix} {}^1A_1 & \dots & {}^1A_n \\ \dots & \dots & \dots \\ {}^mA_1 & \dots & {}^mA_n \\ b_1 & \dots & b_n \end{pmatrix}$$

расширенной матрицей этой системы. □

ОПРЕДЕЛЕНИЕ 4.7.2. Предположим, что[4.9] A - матрица системы $_*^*D$-линейных уравнений (4.5.6). Мы будем называть матрицу

$$(4.7.2) \qquad \begin{pmatrix} {}^jA_i & {}^jb \end{pmatrix} = \begin{pmatrix} {}^1A_1 & ... & {}^1A_n & {}^1b \\ ... & ... & ... & ... \\ {}^mA_1 & ... & {}^mA_n & {}^mb \end{pmatrix}$$

расширенной матрицей этой системы. $\qquad\qquad\qquad\qquad\qquad\qquad\qquad\qquad\square$

ТЕОРЕМА 4.7.3. *Система $_*^*D$-линейных уравнений* (4.5.6) *имеет решение тогда и только тогда, когда*

$$(4.7.3) \qquad \operatorname{rank}_{_*^*}({}^jA_i) = \operatorname{rank}_{_*^*}\begin{pmatrix} {}^jA_i & {}^jb \end{pmatrix}$$

ДОКАЗАТЕЛЬСТВО. Пусть ${}^SA_T$ - $_*^*$-главная минорная матрица матрицы A.

Пусть система $_*^*D$-линейных уравнений (4.5.6) имеет решение ${}^ix = {}^id.$ Тогда

$$(4.7.4) \qquad A_*^*d = b$$

Уравнение (4.7.4) может быть записано в форме

$$(4.7.5) \qquad A_{T*}^{*T}d + A_{N\setminus T*}^{*N\setminus T}d = b$$

Подставляя (4.6.18) в (4.7.5), мы получим

$$(4.7.6) \qquad A_{T*}^{*T}d + A_{T*}^{*}R_*^{*N\setminus T}d = b$$

Из (4.7.6) следует, что $_*$-строка b является $_*^*D$-линейной комбинацией $_*$-строк A_T

$$A_{T*}^{*}(^Td + R_*^{*N\setminus T}d) = b$$

Это эквивалентно уравнению (4.7.3).

Нам осталось доказать, что существование решения $_*^*D$-системы линейных уравнений (4.5.6) следует из (4.7.3). Истинность (4.7.3) означает, что ${}^SA_T$ - так же $_*^*$-главная минорная матрица расширенной матрицы. Из теоремы 4.6.7 следует, что $_*$-строка b является $_*^*D$-линейной композицией $_*$-строк A_T

$$b = A_{T*}^{*T}R$$

Полагая ${}^rR = 0$, мы получим

$$b = A_*^*R$$

Следовательно, мы нашли, по крайней мере, одно решение системы $_*^*D$-линейных уравнений (4.5.6). $\qquad\qquad\qquad\qquad\qquad\qquad\qquad\qquad\square$

ТЕОРЕМА 4.7.4. *Предположим, что* (4.5.6) *- система $_*^*D$-линейных уравнений, удовлетворяющих* (4.7.3). *Если* $\operatorname{rank}_* A = k \le m$, *то решение системы зависит от произвольных значений* $m - k$ *переменных, не включённых в $_*^*$-главную минорную матрицу.*

ДОКАЗАТЕЛЬСТВО. Пусть ${}^SA_T$ - $_*^*$-главную минорную матрицу матрицы a. Предположим, что

$$(4.7.7) \qquad {}^pA_*^*x = {}^pb$$

уравнение с номером p. Применяя теорему 4.6.4 к расширенной матрице (4.7.1), мы получим

$$(4.7.8) \qquad {}^pA = {}^pR_*^{*S}A$$

$$(4.7.9) \qquad {}^pb = {}^pR_*^{*S}b$$

Подставляя (4.7.8) и (4.7.9) в (4.7.7), мы получим

$$(4.7.10) \qquad {}^pR_*^{*S}A_*^*x = {}^pR_*^{*S}b$$

(4.7.10) означает, что мы можем исключить уравнение (4.7.7) из системы (4.5.6) и новая система эквивалентна старой. Следовательно, число уравнений может быть уменьшено до k.

В этом случае у нас есть два варианта. Если число переменных также равно k, то согласно теореме 4.5.7 система имеет единственное решение (4.5.15). Если число переменных $m > k$, то мы можем передвинуть $m - k$ переменных, которые не включены в ${}_*{}^*$-главную минорную матрицу в правой части. Присваивая произвольные значения этим переменным, мы определяем значение правой части и для этого значения мы получим единственное решение согласно теореме 4.5.7. □

СЛЕДСТВИЕ 4.7.5. *Система ${}_*{}^*D$-линейных уравнений* (4.5.6) *имеет единственное решение тогда и только тогда, когда её матрица невырожденная.* □

ТЕОРЕМА 4.7.6. *Решения однородной системы ${}_*{}^*D$-линейных уравнений*

(4.7.11) $$A_*{}^* x = 0$$

порождают ${}_*{}^*D$-векторное пространство.

ДОКАЗАТЕЛЬСТВО. Пусть $\overline{X}$ - множество решений системы ${}_*{}^*D$-линейных уравнений (4.7.11). Предположим, что $x = ({}^a x) \in \overline{X}$ и $y = ({}^a y) \in \overline{X}$. Тогда

$$x^a{}_a a^b = 0$$
$$y^a{}_a a^b = 0$$

Следовательно,

$${}^i A_j ({}^j x + {}^j y) = {}^i A_j{}^j x + {}^i A_j{}^j y = 0$$
$$x + y = ({}^j x + {}^j y) \in \overline{X}$$

Таким же образом мы видим

$${}^i A_j ({}^j x b) = ({}^i A_j{}^j x) b = 0$$
$$xb = ({}^j x b) \in \overline{X}$$

Согласно определению 4.1.4 $\overline{X}$ является ${}_*{}^*D$-векторным пространством. □

4.8. Невырожденная матрица

Предположим, что нам дана $n \times n$ матрица A. Следствия 4.6.5 и 4.6.8 говорят нам, что если $\mathrm{rank}_{*{}*} A < n$, то ${}_*$-строки $D_*{}^*$-линейно зависимы и *-строки ${}_*{}^*D$-линейно зависимы.[4.13]

ТЕОРЕМА 4.8.1. *Пусть A - $n \times n$ матрица и *-строка A_r - ${}_*{}^*D$-линейная комбинация других *-строк. Тогда $\mathrm{rank}_{*{}*} A < n$.*

ДОКАЗАТЕЛЬСТВО. Утверждение, что *-строка A_r является ${}_*{}^*D$-линейной комбинацией других *-строк, означает, что система ${}_*{}^*D$-линейных уравнений

$$A_r = A_{[r]*}{}^* \lambda$$

имеет, по крайней мере, одно решение. Согласно теореме 4.7.3

$$\mathrm{rank}_{*{}*} A = \mathrm{rank}_{*{}*} A_{[r]}$$

Так как число *-строк меньше, чем n, то $\mathrm{rank}_{*{}*} A[r] < n$. □

ТЕОРЕМА 4.8.2. *Пусть A - $n \times n$ матрица и ${}_*$-строка ${}^p A$ - $D_*{}^*$-линейная комбинация других ${}_*$-строк. Тогда $\mathrm{rank}_{*{}*} A < n$.*

ДОКАЗАТЕЛЬСТВО. Доказательство утверждения похоже на доказательство теоремы 4.8.1. □

[4.13]Это утверждение похоже на утверждение [5]-1.2.5.

ТЕОРЕМА 4.8.3. *Предположим, что A и B - $n \times n$ матрицы и*

$$(4.8.1) \qquad\qquad\qquad C = A_*{}^*B$$

C - $_*$-вырожденная матрица тогда и только тогда, когда либо матрица A, либо матрица B - $_*$-вырожденная матрица.

ДОКАЗАТЕЛЬСТВО. Предположим, что матрица B - $_*$-вырожденная. Согласно теореме 4.6.7 *-строки матрицы B $_*D$-линейно зависимы. Следовательно,

$$(4.8.2) \qquad\qquad\qquad 0 = B_*{}^*\lambda$$

где $\lambda \neq 0$. Из (4.8.1) и (4.8.2) следует, что

$$C_*{}^*\lambda = A_*{}^*B_*{}^*\lambda = 0$$

Согласно теореме 4.8.1 матрица C является $_*$-вырожденной.

Предположим, что матрица B - не $_*$-вырожденная, но матрица A - $_*$-вырожденная. Согласно теореме 4.6.4 *-строки матрицы A $_*D$-линейно зависимы. Следовательно,

$$(4.8.3) \qquad\qquad\qquad 0 = A_*{}^*\mu$$

где $\mu \neq 0$. Согласно теореме 4.5.7 система

$$B_*{}^*\lambda = \mu$$

имеет единственное решение, где $\lambda \neq 0$. Следовательно,

$$C_*{}^*\lambda = A_*{}^*B_*{}^*\lambda = A_*{}^*\mu = 0$$

Согласно теореме 4.8.1 матрица C является $_*$-вырожденной.

Предположим, что матрица C - $_*$-вырожденная матрица. Согласно теореме 4.6.4 $_*$-строки матрицы C $_*D$-линейно зависимы. Следовательно,

$$(4.8.4) \qquad\qquad\qquad 0 = C_*{}^*\lambda$$

где $\lambda \neq 0$. Из (4.8.1) и (4.8.4) следует, что

$$0 = A_*{}^*B_*{}^*\lambda$$

Если

$$0 = B_*{}^*\lambda$$

выполнено, то матрица B - $_*$-вырожденная. Предположим, что матрица B не $_*$-вырожденная. Положим

$$\mu = B_*{}^*\lambda$$

где $\mu \neq 0$. Тогда

$$(4.8.5) \qquad\qquad\qquad 0 = A_*{}^*\mu$$

Из (4.8.5) следует, что матрица A - $_*$-вырожденная.   □

Опираясь на теорему 2.3.9, мы можем записать подобные утверждения для $D^*{}_*$-линейной комбинации $_*$-строк или $^*{}_*D$-линейной комбинации *-строк и $^*{}_*$-квазидетерминанта.

ТЕОРЕМА 4.8.4. *Пусть A - $n \times n$ матрица и *-строка $_rA$ - $_*D$-линейная комбинация других *-строк. Тогда $\operatorname{rank}_*{}_* A < n$.*

ТЕОРЕМА 4.8.5. *Пусть A - $n \times n$ матрица и $_*$-строка A^p - $D^*{}_*$-линейная комбинация других $_*$-строк. Тогда $\operatorname{rank}_*{}_* A < n$.*

ТЕОРЕМА 4.8.6. *Предположим, что A и B - $n \times n$ матрицы и $C = A^*{}_*B$. C - $^*{}_*$-вырожденная матрица тогда и только тогда, когда либо матрица A, либо матрица B - $^*{}_*$-вырожденная матрица.*

ОПРЕДЕЛЕНИЕ 4.8.7. $_*{}^*$**-матричная группа** $GL(n, _*{}^*, D)$ - это группа $_*{}^*$-невырожденных матриц, где мы определяем $_*{}^*$-произведение матриц (2.2.1) и $_*{}^*$-обратную матрицу $A^{-1_*{}^*}$. □

ОПРЕДЕЛЕНИЕ 4.8.8. $^*{}_*$**-матричная группа** $GL(n, ^*{}_*, D)$ - это группа $^*{}_*$-невырожденных матриц где мы определяем $^*{}_*$-произведение матриц (2.2.2) и $^*{}_*$-обратную матрицу $A^{-1^*{}_*}$. □

ТЕОРЕМА 4.8.9.
$$GL(n, _*{}^*, D) \neq GL(n, ^*{}_*, D)$$

ЗАМЕЧАНИЕ 4.8.10. Из теоремы 2.3.11 следует, что существуют матрицы, которые $^*{}_*$-невырожденны и $_*{}^*$-невырожденны. Теорема 4.8.9 означает, что множества $^*{}_*$-невырожденных матриц и $_*{}^*$-невырожденных матриц не совпадают. Например, существует такая $_*{}^*$-невырожденная матрица, которая $^*{}_*$-вырожденная матрица. □

ДОКАЗАТЕЛЬСТВО. Это утверждение достаточно доказать для $n = 2$. Предположим, что каждая $^*{}_*$-вырожденная матрица

(4.8.6)
$$A = \begin{pmatrix} {}^1A_1 & {}^2A_1 \\ {}^1A_2 & {}^2A_2 \end{pmatrix}$$

является $_*{}^*$-вырожденной матрицей. Из теоремы 4.6.7 и теоремы 4.6.7 следует, что $_*{}^*$-вырожденная матрица удовлетворяет условию

(4.8.7) $${}^1A_2 = b\,{}^1A_1$$

(4.8.8) $${}^2A_2 = b\,{}^2A_1$$

(4.8.9) $${}^2A_1 = {}^1A_1 c$$

(4.8.10) $${}^2A_2 = {}^1A_2 c$$

Если мы подставим (4.8.9) в (4.8.8), мы получим

$${}^2A_2 = b\,{}^1A_1\,c$$

b и c - произвольные элементы тела D и $_*{}^*$-вырожденная матрица (4.8.6) имеет вид ($d = {}^1A_1$)

(4.8.11)
$$A = \begin{pmatrix} d & dc \\ bd & bdc \end{pmatrix}$$

Подобным образом мы можем показать, что $^*{}_*$-вырожденная матрица имеет вид

(4.8.12)
$$A = \begin{pmatrix} d & c'd \\ db' & c'db' \end{pmatrix}$$

Из предположения следует, что (4.8.12) и (4.8.11) представляют одну и ту же матрицу. Сравнивая (4.8.12) и (4.8.11), мы получим, что для любых $d, c \in D$ существует такое $c' \in D$, которое не зависит от d и удовлетворяет уравнению

$$dc = c'd$$

Это противоречит утверждению, что D - тело. □

ПРИМЕР 4.8.11. В случае тела кватернионов мы положим $b = 1 + k$, $c = j$, $d = k$. Тогда мы имеем
$$A = \begin{pmatrix} k & kj \\ (1+k)k & (1+k)kj \end{pmatrix} = \begin{pmatrix} k & -i \\ k-1 & -i-j \end{pmatrix}$$

$$^2\det({}_*^*)_2A = {}^2A_2 - {}^2A_1({}^1A_1)^{-1}\,{}^1A_2$$
$$= -i - j - (k-1)(k)^{-1}(-i) = -i - j - (k-1)(-k)(-i)$$
$$= -i - j - kki + ki = -i - j + i + j = 0$$

$$_1\det({}_*^*)^1A = {}_1A^1 - {}_1A^2({}_2A^2)^{-1}\,{}_2A^1$$
$$= k - (k-1)(-i-j)^{-1}(-i) = k - (k-1)\frac{1}{2}(i+j)(-i)$$
$$= k + \frac{1}{2}((k-1)i + (k-1)j)i = k + \frac{1}{2}(ki - i + kj - j)i$$
$$= k + \frac{1}{2}(j - i - i - j)i = k - ii = k + 1$$

$$_1\det({}_*^*)^2A = {}_1A^2 - {}_1A^1({}_2A^1)^{-1}\,{}_2A^2$$
$$= k - 1 - k(-i)^{-1}(-i-j) = k - 1 + ki(i+j)$$
$$= k - 1 + j(i+j) = k - 1 + ji + jj$$
$$= k - 1 - k - 1 = -2$$

$$_2\det({}_*^*)^1A = {}_2A^1 - {}_2A^2({}_1A^2)^{-1}\,{}_1A^1$$
$$= (-i) - (-i-j)(k-1)^{-1}k = -i + (i+j)\frac{1}{2}(-k-1)k$$
$$= -i - \frac{1}{2}(i+j)(k+1)k = -i - \frac{1}{2}(ik + i + jk + j)k$$
$$= -i - \frac{1}{2}(-j + i + i + j)k = -i - ik = -i + j$$

$$_2\det({}_*^*)^2A = {}_2A^2 - {}_2A^1({}_1A^1)^{-1}\,{}_1A^2$$
$$= -i - j - (-i)(k)^{-1}(k-1) = -i - j + i(-k)(k-1)$$
$$= -i - j + j(k-1) = -i - j + jk - j = -i - j + i - j = -2j$$

Система ${}_*^*D$-линейных уравнений

$$(4.8.13) \qquad \begin{pmatrix} k & -i \\ k-1 & -i-j \end{pmatrix} {}_*^* \begin{pmatrix} {}^1x \\ {}^2x \end{pmatrix} = \begin{pmatrix} {}^1b \\ {}^2b \end{pmatrix}$$

имеет ${}_*^*$-вырожденную матрицу. Мы можем записать систему ${}_*^*D$-линейных уравнений (4.8.13) в виде

$$\begin{cases} k\,{}^1x - \quad\ i\,{}^2x = {}^1b \\ (k-1)\,{}^1x - (i+j)\,{}^2x = {}^2b \end{cases}$$

Система ${}^*_*D$-линейных уравнений

$$(4.8.14) \qquad \begin{pmatrix} k & -i \\ k-1 & -i-j \end{pmatrix} {}^*_* \begin{pmatrix} {}_1x & {}_2x \end{pmatrix} = \begin{pmatrix} {}_1b & {}_2b \end{pmatrix}$$

имеет ${}^*_*$-невырожденную матрицу. Мы можем записать систему ${}^*_*D$-линейных уравнений (4.8.14) в виде

$$\begin{cases} k\,{}_1x - \quad\ i\,{}_1x \\ + (k-1)\,{}_2x - (i+j)\,{}_2x \\ = \quad\ {}_1b = \quad\ {}_2b \end{cases} \qquad \begin{cases} k\,{}_1x + (k-1)\,{}_2x = {}_1b \\ -i\,{}_1x - (i+j)\,{}_2x = {}_2b \end{cases}$$

Система $D_*{}^*$-линейных уравнений

$$(4.8.15) \qquad \begin{pmatrix} x_1 & x_2 \end{pmatrix} {}_*{}^* \begin{pmatrix} k & -i \\ k-1 & -i-j \end{pmatrix} = \begin{pmatrix} b_1 & b_2 \end{pmatrix}$$

имеет $_*{}^*$-вырожденную матрицу. Мы можем записать систему $D_*{}^*$-линейных уравнений (4.8.15) в виде

$$\begin{cases} x_1 k & -x_1 i \\ + x_2(k-1) & -x_2(i+j) \\ = b_1 & = b_2 \end{cases} \qquad \begin{cases} x_1 k & +x_2(k-1) = b_1 \\ -x_1 i & -x_2(i+j) = b_2 \end{cases}$$

Система $D^*{}_*$-линейных уравнений

$$(4.8.16) \qquad \begin{pmatrix} x^1 \\ x^2 \end{pmatrix} {}_*{}^* \begin{pmatrix} k & -i \\ k-1 & -i-j \end{pmatrix} = \begin{pmatrix} {}^1b \\ {}^2b \end{pmatrix}$$

имеет $^*{}_*$-невырожденную матрицу. Мы можем записать систему $D^*{}_*$-линейных уравнений (4.8.16) в виде

$$\begin{cases} k\ {}^1x - & i\ {}^2x = {}^1b \\ (k-1)\ {}^1x - (i+j)\ {}^2x = {}^2b \end{cases}$$

$\square$

4.9. Размерность $_*{}^*D$-векторного пространства

Теорема 4.9.1. *Пусть V - $_*{}^*D$-векторное пространство. Предположим, что V имеет базисы $\overline{\overline{e}} = (e_i, i \in I)$ и $\overline{\overline{g}} = (g_j, j \in J)$. Если $|I|$ и $|J|$ - конечные числа, то $|I| = |J|$.*

Доказательство. Предположим, что $|I| = m$ и $|J| = n$. Предположим, что

$$(4.9.1) \qquad m < n$$

Так как $\overline{\overline{e}}$ - базис, любой вектор g_j, $j \in J$ имеет разложение

$$g_j = e_*{}^* A_j$$

Так как $\overline{\overline{g}}$ - базис,

$$(4.9.2) \qquad \lambda = 0$$

следует из

$$g_*{}^*\lambda = e_*{}^* A_*{}^*\lambda = 0$$

Так как $\overline{\overline{e}}$ - базис, мы получим

$$(4.9.3) \qquad A_*{}^*\lambda = 0$$

Согласно (4.9.1) $\operatorname{rank}_*{}^* A \le m$ и система (4.9.3) имеет больше переменных, чем уравнений. Согласно теореме 4.7.4, $\lambda \ne 0$. Это противоречит утверждению (4.9.2). Следовательно, утверждение $m < n$ неверно.

Таким же образом мы можем доказать, что утверждение $n < m$ неверно. Это завершает доказательство теоремы. $\square$

Определение 4.9.2. Мы будем называть **размерностью $_*{}^*D$-векторного пространства** число векторов в базисе $\square$

Теорема 4.9.3. *Координатная матрица базиса $\overline{\overline{g}}$ относительно базиса $\overline{\overline{e}}$ $_*{}^*D$-векторного пространства V является $_*{}^*$-невырожденной матрицей.*

Доказательство. Согласно лемме 4.6.6 $_*^*D$-ранг координатной матрицы базиса $\overline{\overline{g}}$ относительно базиса $\overline{\overline{e}}$ равен размерности $_*^*D$-векторного пространства, откуда следует утверждение теоремы. $\qquad\square$

Определение 4.9.4. Мы будем называть взаимно однозначное отображение

$$A : V \to W$$

изоморфизмом $_*^*D$-векторных пространств, если это отображение - линейное отображение $_*^*D$-векторных пространств. $\qquad\square$

Определение 4.9.5. **Автоморфизм $_*^*D$-векторного пространства** V - это изоморфизм $A : V \to V$. $\qquad\square$

Теорема 4.9.6. *Предположим, что $\overline{\overline{f}}$ - базис в $_*^*D$-векторном пространстве V. Тогда любой автоморфизм $\overline{A}$ $_*^*D$-векторного пространства V имеет вид*

$$(4.9.4) \qquad\qquad\qquad v' = A_*^*v$$

где A - $_*^*$-невырожденная матрица.

Доказательство. (4.9.4) следует из теоремы 4.4.3. Так как $\overline{A}$ - изоморфизм, то для каждого вектора v' существует единственный вектор v такой, что $v' = v_*^*\overline{A}$. Следовательно, система $_*^*D$-линейных уравнений (4.9.4) имеет единственное решение. Согласно следствию 4.7.5 матрица A невырожденна. $\qquad\square$

Теорема 4.9.7. *Автоморфизмы $_*^*D$-векторного пространства порождают группу $GL(n, _*^*, D)$.*

Доказательство. Если даны два автоморфизма $\overline{A}$ и $\overline{B}$, то мы можем записать

$$v' = A_*^*v$$
$$v'' = B_*^*v' = B_*^*A_*^*v$$

Следовательно, результирующий автоморфизм имеет матрицу B_*^*A. $\qquad\square$

Глава 5

Многообразие базисов

5.1. Линейное представление группы

Пусть V - $_*{}^*D$-векторное пространство. Мы доказали в теореме 4.9.6, что любой автоморфизм $_*{}^*D$-векторного пространства V можно отождествить с некоторой матрицей. Мы доказали в теореме 4.9.7, что автоморфизмы $_*{}^*D$-векторного пространства порождают группу. Поэтому, когда мы изучаем представления в $_*{}^*D$-векторном пространстве, нас интересуют линейные отображения $_*{}^*D$-векторного пространства.

ОПРЕДЕЛЕНИЕ 5.1.1. Пусть V - $_*{}^*D$-векторное пространство.[5.1] Мы будем называть левостороннее представление[5.2] f группы G в $_*{}^*D$-векторном пространстве V **линейным $G*$-представлением**. □

ТЕОРЕМА 5.1.2. *Автоморфизмы $_*{}^*D$-векторного пространства порождают линейное эффективное $GL(n, _*{}^*, D)*$-представление.*

ДОКАЗАТЕЛЬСТВО. Если даны два автоморфизма $\overline{A}$ и $\overline{B}$, то мы можем записать

$$v' = A_*{}^*v$$
$$v'' = B_*{}^*v' = B_*{}^*A_*{}^*v$$

Следовательно, результирующий автоморфизм имеет матрицу $B_*{}^*A$.

Нам осталось показать, что ядро неэффективности состоит только из единичного элемента. Тождественное преобразование удовлетворяет равенству

$$^iv = {}^iA_j\ {}^jv$$

Выбирая значения координат в форме $^iv = {}^i\delta_k$, где k задано, мы получим

(5.1.1) $$^i\delta_k = {}^iA_j\ {}^j\delta_k$$

Из (5.1.1) следует

$$^i\delta_k = {}^iA_k$$

Поскольку k произвольно, мы приходим к заключению $A = \delta$. □

ТЕОРЕМА 5.1.3. *Пусть $\overline{\overline{f}}$, $\overline{\overline{g}}$ - базисы $_*{}^*D$-векторного пространства $\overline{V}$. Пусть $\overline{\overline{e}}$, $\overline{\overline{h}}$ - базисы $_*{}^*D$-векторного пространства $\overline{W}$. Пусть A_1 - матрица линейного отображения*

(5.1.2) $$A : V \to W$$

относительно базисов $\overline{\overline{f}}$ и $\overline{\overline{e}}$ и A_2 - матрица линейного отображения (5.1.2) относительно базисов $\overline{\overline{g}}$ и $\overline{\overline{h}}$. Если базис $\overline{\overline{f}}$ имеет координатную матрицу B относительно базиса $\overline{\overline{g}}$

$$\overline{\overline{f}} = \overline{\overline{g}}_*{}^*B$$

[5.1]Изучая представление группы в $_*{}^*D$-векторном пространстве, мы будем следовать соглашению, описанному в замечании 2.2.15.

[5.2]Согласно теореме 4.9.7, линейное отображение правого векторного пространства является левосторонним преобразованием.

и $\overline{\overline{e}}$ имеет координатную матрицу C относительно базиса $\overline{\overline{h}}$

(5.1.3) $$\overline{\overline{e}} = \overline{\overline{h}}_*{}^*C$$

то матрицы A_1 и A_2 связаны соотношением

(5.1.4) $$A_1 = C^{-1_*}{}^*{}_*A_{2_*}{}^*B$$

ДОКАЗАТЕЛЬСТВО. Вектор $\overline{a} \in V$ имеет разложение

$$\overline{a} = f_*{}^*a = g_*{}^*B_*{}^*a$$

относительно базисов $\overline{\overline{f}}$ и $\overline{g}$. Так как A - линейное отображение, то мы можем записать его в форме

(5.1.5) $$\overline{b} = e_*{}^*A_{1_*}{}^*a$$

относительно базисов $\overline{\overline{f}}$ и $\overline{\overline{e}}$ и

(5.1.6) $$\overline{b} = h_*{}^*A_{2_*}{}^*B_*{}^*a$$

относительно базисов $\overline{g}$ и $\overline{\overline{h}}$. В силу теоремы 4.9.3 матрица C имеет $_*{}^*$-обратную и из равенства (5.1.3) следует

(5.1.7) $$\overline{\overline{h}} = \overline{\overline{e}}_*{}^*C^{-1_*}{}^*$$

Подставив (5.1.7) в равенство (5.1.6), получим

(5.1.8) $$\overline{b} = e_*{}^*C^{-1_*}{}^*{}_*A_{2_*}{}^*B_*{}^*a$$

В силу теоремы 4.3.3 сравнение равенств (5.1.5) и (5.1.8) даёт

(5.1.9) $$A_{1_*}{}^*a = C^{-1_*}{}^*{}_*A_{2_*}{}^*B_*{}^*a$$

Так как вектор a - произвольный вектор, из теоремы 5.1.2 и равенства (5.1.9) следует утверждение теоремы.   □

ТЕОРЕМА 5.1.4. *Пусть $\overline{A}$ - автоморфизм $_*{}^*D$-векторного пространства. Пусть A_1 - матрица этого автоморфизма, заданная относительно базиса $\overline{\overline{f}}$, и A_2 - матрица того же автоморфизма, заданная относительно базиса $\overline{g}$. Если базис $\overline{\overline{f}}$ имеет координатную матрицу B относительно базиса $\overline{g}$*

$$\overline{\overline{f}} = \overline{g}_*{}^*B$$

то матрицы A_1 и A_2 связаны соотношением

$$A_1 = B^{-1_*}{}^*{}_*A_{2_*}{}^*B$$

ДОКАЗАТЕЛЬСТВО. Утверждение следует из теоремы 5.1.3, так как в данном случае $C = B$.   □

5.2. Многообразие базисов $_*{}^*D$-векторного пространства

ТЕОРЕМА 5.2.1. *Автоморфизм A, действуя на каждый вектор базиса в $_*{}^*D$-векторном пространстве, отображает базис в другой базис.*

ДОКАЗАТЕЛЬСТВО. Пусть $\overline{\overline{e}}$ - базис в $_*{}^*D$-векторном пространстве V. Согласно теореме 4.9.6, вектор e_a отображается в вектор e'_a

(5.2.1) $$e'_a = A_*{}^*e_a$$

Если векторы e'_a линейно зависимы, то в линейной комбинации

(5.2.2) $$e'_*{}^*\lambda = 0$$

$\lambda \neq 0$. Из равенств (5.2.1) и (5.2.2) следует, что

$$A^{-1_*}{}^*{}_*e'_*{}^*\lambda = e_*{}^*\lambda = 0$$

и $\lambda \neq 0$. Это противоречит утверждению, что векторы e_a линейно независимы. Следовательно, векторы e_a' линейно независимы и порождают базис. $\qquad\square$

Таким образом, мы можем распространить линейное $GL(n, {}_*{}^*, D)$-представление на множество базисов. Мы будем называть преобразование этого левостороннего представления **активным преобразованием** потому, что линейное отображение векторного пространства породило это преобразование ([3]). Активное преобразование не является линейным преобразованием, так как на множестве базисов не определена линейная операция. Соответственно определению мы будем записывать действие активного преобразования $A \in GL(n, {}_*{}^*, D)$ на базис $\overline{\overline{e}}$ в форме $A_*{}^*\overline{\overline{e}}$. Мы будем называть гомоморфизм группы G в группу $GL(n, {}_*{}^*, D)$ активных преобразований **активным $*G$-представлением**.

Теорема 5.2.2. *Активное $GL(n, {}_*{}^*, D)*$-представление на множестве базисов однотранзитивно.*

Доказательство. Чтобы доказать теорему, достаточно показать, что для любых двух базисов определено по крайней мере одно преобразование левостороннего представления и это преобразование единственно. Гомоморфизм A, действуя на базис $\overline{\overline{e}}$ имеет вид

$$g_i = A_*{}^*e_i$$

где g_i - координатная матрица вектора $\overline{g}_i$ и e_i - координатная матрица вектора $\overline{e}_i$ относительно базиса $\overline{\overline{h}}$. Следовательно, координатная матрица образа базиса равна $_*{}^*$-произведению координатной матрицы исходного базиса и матрицы автоморфизма

$$g = A_*{}^*e$$

В силу теоремы 4.9.3, матрицы g и e невырождены. Следовательно, матрица

$$A = g_*{}^*e^{-1}{}_*{}^*$$

является матрицей автоморфизма, отображающего базис $\overline{\overline{e}}$ в базис $\overline{\overline{g}}$.

Допустим элементы g_1, g_2 группы G и базис $\overline{\overline{e}}$ таковы, что

(5.2.3) $$g_{1*}{}^*e = g_{2*}{}^*e$$

В силу теорем 4.9.3 и 2.2.16 справедливо равенство $g_1 = g_2$. Отсюда следует утверждение теоремы. $\qquad\square$

Если на векторном пространстве V определена дополнительная структура, не всякое линейное отображение сохраняет свойства заданной структуры. В этом случае нас интересует подгруппа G группы $GL(n, {}_*{}^*, D)$, которая порождает линейные отображения, сохраняющие свойства заданной структуры. Мы обычно будем называть группу G **группой симметрии**. Не нарушая общности, мы будем отождествлять элемент g группы G с соответствующим преобразованием представления и записывать его действие на вектор $v \in V$ в виде $g_*{}^*v$.

Не всякие два базиса могут быть связаны преобразованием группы симметрии потому, что не всякое невырожденное линейное преобразование принадлежит представлению группы G. Таким образом, множество базисов можно представить как объединение орбит группы G.

Определение 5.2.3. Мы будем называть орбиту $G_*{}^*\overline{\overline{e}}$ выбранного базиса $\overline{\overline{e}}$ **многообразием базисов** $\mathcal{B}(\overline{V}, G)$ $_*{}^*D$**-векторного пространства** V. $\qquad\square$

Теорема 5.2.4. *Активное $G*$-представление на многообразии базисов однотранзитивно.*

Доказательство. Это следствие теоремы 5.2.2 и определения 5.2.3. $\qquad\square$

Из теоремы 5.2.4 следует, что многообразие базисов $\mathcal{B}(V, G)$ является однородным пространством группы G. Согласно теореме 3.3.12, на многообразии базисов существует $*G$-представление, перестановочное с активным. Как мы видим из замечания 3.3.13 преобразование $*G$-представления отличается от активного преобразования и не может быть сведено к преобразованию пространства V. Чтобы подчеркнуть различие, это преобразование называется **пассивным преобразованием** многообразия базисов $\mathcal{B}(\overline{V}, G)$, а $*G$-представление называется **пассивным $*G$-представлением**. Согласно определению мы будем записывать пассивное преобразование базиса $\overline{\overline{e}}$, порождённое элементом $A \in G$, в форме $\overline{\overline{e}}_*{}^*A$.

ЗАМЕЧАНИЕ 5.2.5. Я привёл примеры пассивных и активных представлений в таблице 5.2.1.   □

ТАБЛИЦА 5.2.1. Активное и пассивное представления

векторное пространство	группа представления	активное представление	пассивное представление
$_*{}^*D$-векторное пространство	$GL(n, _*{}^*, D)$	левостороннее	правостороннее
$^*_*D$-векторное пространство	$GL(n, {}^*_*, D)$	левостороннее	правостороннее
$D_*{}^*$-векторное пространство	$GL(n, _*{}^*, D)$	правостороннее	левостороннее
D^*_*-векторное пространство	$GL(n, {}^*_*, D)$	правостороннее	левостороннее

Согласно теореме 3.3.7 мы можем определить на $\mathcal{B}(V, G)$ две формы координат, определённые на группе G. Так как мы определили два представления группы G на $\mathcal{B}(V, G)$, то мы для определения координат пользуемся пассивным $*G$-представлением. Наш выбор основан на следующей теореме.

ТЕОРЕМА 5.2.6. *Координатная матрица базиса $\overline{\overline{g}}$ относительно базиса $\overline{\overline{e}}$ $_*{}^*D$-векторного пространства V совпадает с матрицей пассивного преобразования, отображающего базис $\overline{\overline{e}}$ в базис $\overline{\overline{g}}$.*

ДОКАЗАТЕЛЬСТВО. Согласно конструкции, изложенной в примере 4.3.9, координатная матрица базиса $\overline{\overline{g}}$ относительно базиса $\overline{\overline{e}}$ состоит из *-строк, являющихся координатными матрицами векторов g_i относительно базиса $\overline{\overline{e}}$. Следовательно,

$$(5.2.4) \qquad\qquad \overline{g}_i = \overline{e}_*{}^*g_i$$

В тоже время пассивное преобразование A, связывающее два базиса, имеет вид

$$(5.2.5) \qquad\qquad \overline{g}_i = \overline{e}_*{}^*A_i$$

В силу теоремы 4.3.3,

$$g_i = A_i$$

для любого i. Это доказывает теорему.   □

Координаты представления называются **стандартными координатами базиса**. Эта точка зрения позволяет определить два типа координат для элемента g группы G. Мы можем либо пользоваться координатами, определёнными на группе, либо определить координаты как элементы матрицы соответствующего преобразования. Первая форма координат более эффективна, когда мы изучаем свойства группы G. Вторая форма координат содержит избыточную информацию, но бывает более удобна, когда мы изучаем представление группы G. Мы будем называть вторую форму координат **координатами представления**.

5.3. Геометрический объект в $_*^*D$-векторном пространстве

Активное преобразование изменяет базисы и векторы согласовано и координаты вектора относительно базиса не меняются. Пассивное преобразование меняет только базис, и это ведёт к изменению координат вектора относительно базиса.

Допустим пассивное преобразование $A \in G$ отображает базис $\bar{\bar{e}} \in \mathcal{B}(V, G)$ в базис $\bar{\bar{e}}' \in \mathcal{B}(V, G)$

$$(5.3.1) \qquad e' = e_*^*A$$

Допустим вектор $v \in V$ имеет разложение

$$(5.3.2) \qquad \bar{v} = e_*^*v$$

относительно базиса $\bar{\bar{e}}$ и имеет разложение

$$(5.3.3) \qquad \bar{v} = e'_*^*v'$$

относительно базиса $\bar{\bar{e}}'$. Из (5.3.1) и (5.3.3) следует, что

$$(5.3.4) \qquad \bar{v} = e_*^*A_*^*v'$$

Сравнивая (5.3.2) и (5.3.4) получаем, что

$$(5.3.5) \qquad v = A_*^*v'$$

Так как A - $_*^*$-невырожденная матрица, то из (5.3.5) следует

$$(5.3.6) \qquad v' = A^{-1}{_*^*}{_*^*}v$$

Преобразование координат (5.3.6) не зависит от вектора $\bar{v}$ или базиса $\bar{\bar{e}}$, а определенно исключительно координатами вектора $\bar{v}$ относительно базиса $\bar{\bar{e}}$.

ТЕОРЕМА 5.3.1. *Преобразования координат* (5.3.6) *порождают эффективное линейное $G*$-представление, называемое* **координатным представлением в $_*^*D$-векторном пространстве**.

ДОКАЗАТЕЛЬСТВО. Допустим мы имеем два последовательных пассивных преобразования A и B. Преобразование координат (5.3.6) соответствует пассивному преобразованию A. Преобразование координат

$$(5.3.7) \qquad v'' = B^{-1}{_*^*}{_*^*}v'$$

соответствует пассивному преобразованию B. Произведение преобразований координат (5.3.6) и (5.3.7) имеет вид

$$(5.3.8) \qquad v'' = B^{-1}{_*^*}{_*^*}A^{-1}{_*^*}{_*^*}v = (A_*^*B)^{-1}{_*^*}{_*^*}v$$

и является координатным преобразованием, соответствующим пассивному преобразованию A_*^*B. Это доказывает, что преобразования координат порождают линейное $G*$-представление.

Если координатное преобразование не изменяет векторы δ_k, то ему соответствует единица группы G, так как пассивное представление однотранзитивно. Следовательно, координатное представление эффективно. $\square$

Предположим, что отображение группы G в группу пассивных преобразований $_*^*D$-векторного пространства N согласовано с группой симметрий $_*^*D$-векторного пространства V.[5.3] Это означает, что пассивному преобразованию a $_*^*D$-векторного пространства V соответствует пассивное преобразование $A(a)$ $_*^*D$-векторного пространства N.

$$(5.3.9) \qquad e'_N = e_{N*}^*A(a)$$

[5.3]Мы пользуемся одним и тем же символом типа векторного пространства для векторных пространств N и V. Тем не менее они могут иметь различный тип.

Тогда координатное преобразование в N принимает вид

(5.3.10) $$w' = A(a^{-1_*}{}^*)_*{}^*w = A(a)^{-1_*}{}^*{}_*{}^*w$$

Определение 5.3.2. Мы будем называть орбиту

$$(A(G)^{-1_*}{}^*{}_*{}^*w, \bar{\bar{e}}_V{}_*{}^*G)$$

геометрическим объектом в координатном представлении, определённом в ${}_*{}^*D$-**векторном пространстве** V. Для любого базиса $\bar{\bar{e}}'_V = \bar{\bar{e}}_V{}_*{}^*A$ соответствующая точка (5.3.10) орбиты определяет **координаты геометрического объекта в координатном** ${}_*{}^*D$-**векторном пространстве** относительно базиса $\bar{\bar{e}}'_V$. □

Определение 5.3.3. Мы будем называть орбиту

$$(A(G)^{-1_*}{}^*{}_*{}^*w, \bar{\bar{e}}_N{}_*{}^*A(G), \bar{\bar{e}}_V{}_*{}^*G)$$

геометрическим объектом, определённым в ${}_*{}^*D$-**векторном пространстве** V. Для любого базиса $\bar{\bar{e}}'_V = a_*{}^*\bar{\bar{e}}_V$ соответствующая точка (5.3.10) орбиты определяет **координаты геометрического объекта в** ${}_*{}^*D$-**векторном пространстве** относительно базиса $\bar{\bar{e}}'_V$ и соответствующий вектор

$$\overline{w} = e'_N{}_*{}^*w'$$

называется **представителем геометрического объекта в** $D_*{}^*$-**векторном пространстве** V в базисе $\bar{\bar{e}}'_V$. □

Так как геометрический объект - это орбита представления, то согласно теореме 3.2.9 определение геометрического объекта корректно.

Мы будем также говорить, что $\overline{w}$ - это **геометрический объект типа** A

Определение 5.3.2 строит геометрический объект в координатном пространстве. Определение 5.3.3 предполагает, что мы выбрали базис в векторном пространстве W. Это позволяет использовать представитель геометрического объекта вместо его координат.

Вопрос как велико разнообразие геометрических объектов хорошо изучен в случае векторных пространств. Однако он не столь очевиден в случае ${}_*{}^*D$-векторных пространств. Как видно из таблицы 5.2.1 $D_*{}^*$-векторное пространство и ${}_*{}^*D$-векторное пространство имеют общую группу симметрии $GL(n, {}_*{}^*, D)$. Это позволяет, рассматривая пассивное представление в ${}_*{}^*D$-векторное пространство, изучать геометрический объект в $D_*{}^*$-векторном пространстве. Можем ли мы одновременно изучать геометрический объект в ${}^*{}_*D$-пространстве? На первый взгляд, в силу теоремы 4.8.9 ответ отрицательный. Однако, равенство 2.2.6 устанавливает искомое линейное отображение между $GL(n, {}_*{}^*, D)$ и $GL(n, {}^*{}_*, D)$.

Теорема 5.3.4 (принцип инвариантности). *Представитель геометрического объекта не зависит от выбора базиса* $\bar{\bar{e}}'_V$.

Доказательство. Чтобы определить представителя геометрического объекта, мы должны выбрать базис $\bar{\bar{e}}_V$, базис $\bar{\bar{e}}_W$ и координаты геометрического объекта w^α. Соответствующий представитель геометрического объекта имеет вид

$$\overline{w} = e_W{}_*{}^*w$$

Предположим базис $\bar{\bar{e}}'_V$ связан с базисом $\bar{\bar{e}}_V$ пассивным преобразованием

$$e'_V = e_V{}_*{}^*A$$

Согласно построению это порождает пассивное преобразование (5.3.9) и координатное преобразование (5.3.10). Соответствующий представитель геометрического объекта имеет вид

$$\overline{w}' = e'_W{}_*{}^*w' = e_W{}_*{}^*A(a)_*{}^*A(a)^{-1}{}_*{}^*w = e_W{}_*{}^*w = \overline{w}$$

Следовательно, представитель геометрического объекта инвариантен относительно выбора базиса. □

Определение 5.3.5. Пусть

$$\overline{w}_1 = e_{W*}{}^* w_1$$
$$\overline{w}_2 = e_{W*}{}^* w_2$$

геометрические объекты одного и того же типа, определённые в $_*^*D$-векторном пространстве V. Геометрический объект

$$\overline{w} = e_{W*}{}^* (w_1 + w_2)$$

называется **суммой**

$$\overline{w} = \overline{w}_1 + \overline{w}_2$$

геометрических объектов $\overline{w}_1$ и $\overline{w}_2$. $\square$

Определение 5.3.6. Пусть

$$\overline{w}_1 = e_{W*}{}^* w_1$$

геометрический объект, определённый в $_*^*D$-векторном пространстве V. Геометрический объект

$$\overline{w}_2 = e_{W*}{}^* (k w_1)$$

называется **произведением**

$$\overline{w}_2 = k \overline{w}_1$$

геометрического объекта $\overline{w}_1$ **и константы** $k \in D$. $\square$

Теорема 5.3.7. *Геометрические объекты типа A, определённые в $_*^*D$-векторном пространстве V, образуют $_*^*D$-векторное пространство.*

Доказательство. Утверждение теоремы следует из непосредственной проверки свойств векторного пространства. $\square$

Глава 6

Список литературы

[1] S. Burris, H.P. Sankappanavar, A Course in Universal Algebra, Springer-Verlag (March, 1982),
eprint http://www.math.uwaterloo.ca/ snburris/htdocs/ualg.html
(The Millennium Edition)

[2] П. К. Рашевский, Риманова геометрия и тензорный анализ,
М., Наука, 1967

[3] Г. Корн, Т. Корн, Справочник по математике для научных работников и инженеров, М., Наука, 1974

[4] I. Gelfand, S. Gelfand, V. Retakh, R. Wilson, Quasideterminants,
eprint arXiv:math.QA/0208146 (2002)

[5] I. Gelfand, V. Retakh, Quasideterminants, I,
eprint arXiv:q-alg/9705026 (1997)

[6] К. Фейс, Алгебра: кольца, модули и категории, том I, М., Мир, 1973

[7] Александр Клейн, Представление универсальной алгебры,
eprint arXiv:0912.3315 (2010)

[8] П. Кон, Универсальная алгебра, М., Мир, 1968

Глава 7

Предметный указатель

Глава 8

Специальные символы и обозначения

$(A(G)^{-1}{}_*{}^*{}_*{}^*w, \overline{\overline{e}}_N{}_*{}^*A(G), \overline{\overline{e}}_V{}_*{}^*G)$
    геометрический объект, определённый в
    ${}_*{}^*D$-векторном пространстве 60

$f(G)v$ орбита $G{*}$-представления группы 24

$A_*{}^*\overline{\overline{e}}$ активное преобразование 57

$\text{rank}_{*}{}_* A$ ${}^*{}_*$-ранг матрицы 47

$\text{rank}_{*}{}^* A$ ${}_*{}^*$-ранг матрицы 44

$\text{span}(A_i, i \in I)$ линейная оболочка в векторном
    пространстве 41

δ тождественное преобразование 21

δ^i_j символ Кронекера 11